超越大盤的獲利公式

──葛林布萊特的神奇法則

The little book that still beats the market

Joel Greenblatt 著

黃嘉斌 譯

寰宇出版股份有限公司

THE LITTLE BOOK THAT STILL BEATS THE MARKET
by Joel Greenblatt and foreword by Andrew Tobias
Copyright©2010 by Joel Greenblatt
Traditional Chinese translation copyright© 2015
by International Publishing Company
Published by arrangement with the author through Sandra Dijkstra Literary
Agency, Inc. in association with Bardon-Chinese Media Agency
ALL RIGHTS RESERVED

CONTENTS 目錄

推薦序

本書最好的部分，就是大多數人不會相信其內容（但我個人倒是打算在我下一版著作中大膽借用其概念）。即使相信了，大概也不會有多少人肯耐心遵循其建議。這樣很好，因為愈多人知道的好事，價格只會變得愈來愈貴…到時候，你就只能跟便宜貨說再見了。

Joel Greenblatt 所提出的概念，與大多數運用市場性質的其他「系統」有很明顯的不同。它不但非常單純，而且即使獲得普遍認同，應該還是可以繼續保持其有效性。

我不想太囉嗦，以免糟蹋本書最令人驚喜之處──這本書的篇幅實在很短，而我的角色只是向各位介紹作者 Joel 這個人，讓各位足以判斷究竟可以信賴他到什麼程度。

我認識 Joel 好幾十年了。他真的很精明，而且態度謙虛、動機良善。而他最不尋常之處，就是──他真的很成功。（我是說：真正的成功。）更重要的是，他的成功來自於精明的投資（而不是因為他很會寫書）。

他這個人也很有趣。我朗誦本書前兩章內容給 11 歲的姪子提米聽時，我們兩個都樂壞了。可惜提米沒有可用於投資的資金，聽著聽著就睡著了，而我倒是開始盤算起我的退休計畫。

這麼說吧！首先，市場上有所謂的共同基金，那很好，可是共同基金的銷售手續費相當昂貴。除此之外，也有不收手續費的基金，那就更好了。他們取消了手續費，但仍然要收取管理費，還有稅金，以及積極管理所引發的昂貴交易成本。接著是「指數型基金」，把費用、稅金與交易成本都降到了最低的水準。這當然就更好了。Joel 在這裡向各位推薦的，實際上就是加強版的指數型基金；所謂的「加強」，就是你只需持有價格低廉的好股票投資組合即可，而且他找到了一種簡單的辦法，讓你能夠順利找出這些股票。

當然，也不是每個人都能擊敗大盤指數。可是我猜，如果有耐心的人願意秉持著 Joel 的建議，長期績效應該就能夠擊敗市場指數。而且，如果有數以百萬計的投資人採納這項策略（先鋒基金，請加油，請提供一種收費低廉的這類基金），就應該會有兩件事發生。第一，這種投資方式的優勢會下降，但不會消失。第二，股票市場的價格會變得更合理一些，我們的資產配置程序也會變得更有效率。

對於這本篇幅有限的小書來說，這應該算是不錯的成效了。

現在，就請帶著 11 歲小孩的赤子心，趕快進來瞧瞧吧。

──Andrew Tobias（安德魯．多比亞斯）
《The Only Investment Guide You' ll Ever Need》
（你唯一需要的投資指南）作者

2010 年版導論

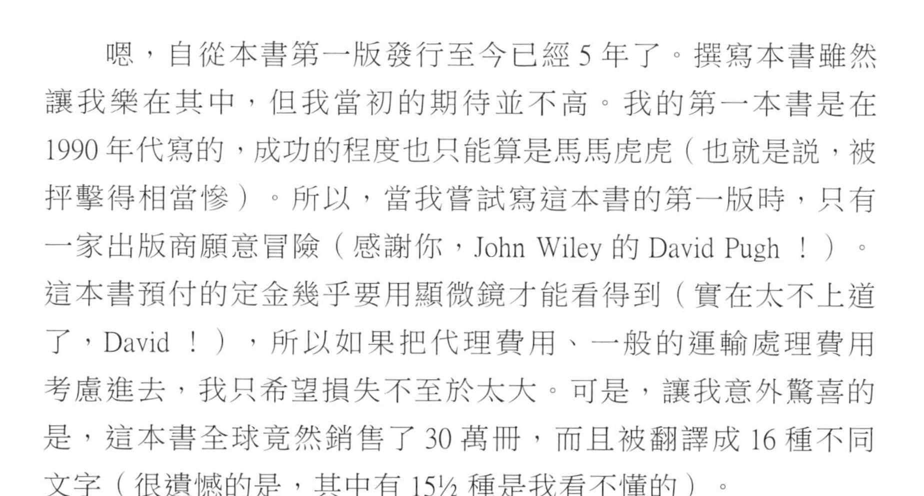

嗯，自從本書第一版發行至今已經 5 年了。撰寫本書雖然讓我樂在其中，但我當初的期待並不高。我的第一本書是在 1990 年代寫的，成功的程度也只能算是馬馬虎虎（也就是說，被抨擊得相當慘）。所以，當我嘗試寫這本書的第一版時，只有一家出版商願意冒險（感謝你，John Wiley 的 David Pugh ！）。這本書預付的定金幾乎要用顯微鏡才能看得到（實在太不上道了，David ！），所以如果把代理費用、一般的運輸處理費用考慮進去，我只希望損失不至於太大。可是，讓我意外驚喜的是，這本書全球竟然銷售了 30 萬冊，而且被翻譯成 16 種不同文字（很遺憾的是，其中有 15½ 種是我看不懂的）。

我寫這本書的宗旨很單純。對於很多人來說，金融世界——尤其是股票市場——是相當嚇人的。可是，如果談到未來的安全性、退休生活的選擇，乃至於照顧心愛的人，那麼投資決策顯然對這些事都會構成重大的影響。對於大多數人的投資組合來說，股票市場是非常重要的成份，所以我希望寫一本簡潔的股票投資指南，不只要讓其中所描述的論點和解釋，甚至連小孩子都看得懂，而且也要讓投資人多一個選擇。

本書第一版發行之後不久，我就開始覺得有點恐慌。如果某些個人投資者真的遵循我的建議，那究竟會怎麼樣呢？他們如果相信、而且也瞭解本書所提供的「神奇公式」其中的邏輯，但計算程序卻不正確，或使用網路免費下載的錯誤資料，那該怎麼辦呢？我秉持著猶如父親或祖母的一片好意，真心想要幫助大家，但實際上卻有可能因為人們沒有採用適當的資料，結果造成某些人賠掉辛苦賺來的錢。基於這個緣故，我很快就設立了一個網頁 magicformulainvesting.com，提供給本書讀者一個免費的資源，不僅擔保計算程序正確，而且採用高素質的資料來源。這個資源目前仍然維持免費，我真誠希望各位閱讀本書時，能夠配合運用這項資源，同時也希望能夠對本書過去與未來的讀者有所幫助。成立這個網頁，最起碼也讓我在過去 5 年相當有趣的時間裡，少了一些擔憂。

投資確實不容易。這正是為什麼需要引用紀律嚴謹、方法明確的長期投資策略的理由，而且相關策略必須在任何環境下，都幾乎能得以成功。可是，這類策略不能只是合理而已，它必須讓你覺得有道理才行。徹底瞭解是貫徹長期策略的唯一辦法，因為策略在短期之內往往未必能夠有效運作。

為了達到這個目的，我在 2010 年版最後增添了「後記」。後記討論的是從 2005 年發行本書第一版以來的各種事件、結果與教訓。好消息是：雖然事態的發展，經常跟當初的預期稍有不同（有時候甚至天差地遠！），但本書第一版所主張的教訓與原理仍然相同。話雖如此，但溫故總能知新，各位不妨再多閱讀一次。但願本版新增的內容，能夠對你有所幫助。祝各位好運。

導論

我最初的構想，是打算把本書當做禮物，送給我的五個小孩。我的想法是：如果能教導他們如何自行賺錢，那就等於給了他們最棒的禮物——而且往後還能夠持續幫助他們。再者，我想如果我能用小孩子（一個五年級，一個八年級）都聽得懂的話語，向他們解釋如何賺錢，那麼我應該就能夠向任何人解釋，如何成為成功的股票投資人了。

本書準備討論的概念雖然很簡單——對於精明的投資人來說，或許太單純了——但每個步驟之所以存在，都是有理由的。所以，請繼續跟著我，我向各位保證，不論你是初學者，或是有經驗的投資人，都會有所收穫的。

我從事專業投資長達 25 年，並在長春藤大學商學院任教 9 年，至少有兩件事是我可以確信的：

1. 如果你真的想「擊敗大盤」，大多數專業玩家和學術界人士都幫不了你；
2. 所以，實際上你只有另一種選擇：你只能靠自己。

很幸運的是，這未必是壞事。雖然不太容易辦到，但你確實可以透過學習，學會如何擊敗市場。為了協助各位，我甚至會提供一套神奇公式。這套公式很簡單，而且很有道理，只要秉持這套公式，你就能擊敗市場，獲得顯著超越專業玩家與學術界人士的成果。而且，你還能在最低風險狀況下辦到這件事。這套公式長期以來一直都很有效，即使大家都知道了之後，也還是會持續有效。還有，這套公式的運用很簡單，不太需要花費很多時間，但你必須真正瞭解這套公式的道理，它才能真正發揮作用。

在整個過程裡，各位將學習到：

- 如何看待股票市場？
- 對於任何散戶投資人或專業投資者來說，成功為何如此難以掌握？
- 如何找到價格便宜的好企業？
- 如何只憑自己的力量擊敗市場？

另外，我還提供了『附錄』，給那些曾經受過更高深財務訓練的讀者，但各位如果真的想好好運用並瞭解本書的方法，其實倒沒有必要去閱讀或瞭解『附錄』中的內容。事實上，如果只是想要擊敗市場，你並不需要擁有 MBA 學位。知道許多高深的術語或公式，並不會讓你變得有所不同。請各位試著去瞭解本書討論的簡單概念究竟是什麼，那才是比較重要的。

所以，請享用我的禮物吧。但願你只需花費些許的時間投資（大概值 $20 塊左右），就能夠讓你的將來更加富有。

祝你好運。

第 1 章

傑森目前才六年級，但他已經很會賺錢了。我送兒子上學的時候，幾乎每天都會碰到傑森。傑森就坐在一輛由專業司機駕駛的高級轎車後面。他穿著一絲不苟的服裝，戴著很酷的太陽眼鏡。啊！ 11 歲，很有錢，很酷。這才是所謂的人生嘛。

好吧。我說得是有點過份了。實際上並沒有轎車，只是摩托車而已。至於服裝與太陽眼鏡的部分，也沒那麼誇張啦。事實上，比較貼切的描述是，他穿著牛仔褲，沒有太陽眼鏡，臉上還掛著早餐殘留的麵包屑。但這並不是我想要講的重點。我要談的是傑森的事業。

他的事業很單純，但也很賺錢。傑森每天都會買 4、5 包口香糖，一包 25 美分，每包都有五塊口香糖。根據我兒子的描述，進了學校之後，傑森就會變身為超級英雄。不管是颳風下雨，或者是走廊上的邪惡監視器，都無法阻止傑森販售他的口香糖。我猜，他的客戶都很想向超級英雄購買口香糖（也有可能是他們在學校也沒別的地方可以買），但總之情況就是如此，傑森每塊口香糖都賣 25 美分。（我沒看過實際狀況，但你或許可以想像一下——傑森打開一包口香糖，然後在他客戶們面前晃呀晃的，告訴他們「想要嗎？你知道你很想要，對吧！」然後就有些同學受不了，乖乖繳出 25 美分了。）

根據我兒子的推算，每塊口香糖 25 美分，傑森每包口香糖就能賺進 $1.25。以成本只有 25 美分的口香糖來說，傑森每販售一包口香糖就能獲利 $1 美元。如果每天 4、5 包，那可就是不少錢了！我有次問我那位上六年級的兒子，「我的老天，你知道這個傑森在上完高中之前，究竟能賺多少錢嗎？」我兒子——姑且稱他為班哲明（雖然他實際上叫做馬特）——用上了他全部的腦力（還有幾根手指），開始認真計算。

「讓我算一下，」他回答，「每天大概可以賺 4 塊錢，乘以每個禮拜 5 天。所以，一個禮拜就是 $20，一年上課 36 個禮拜，所以一年就有 $720。如果他還有 6 年才高中畢業，那他大概就能夠賺進 $4,200!!」

我不想錯失這個機會教育的好機會，於是我問：「班哲明，傑森如果願意把他的事業一半賣給你，你願意付多少錢？換言之，如果他願意跟你分享他未來六年販售口香糖事業的利潤，你現在願意付給他多少錢？」

嗯…我看到班哲明的腦筋動了起來，好像正在評估真的投資一樣。「傑森或許沒辦法每天都賣出 4、5 包口香糖，但 3 包想必沒問題，所以，他起碼每天可以賺進 $3，每星期就有 $15，這樣的話，一個學年 36 個星期，就可以賺進 $500（$15×36）。傑森還要上學 6 年，所以 6 乘以 $500，他起碼能賺 $3,000!!」

「好囉！」我說，「我猜你願意支付傑森 $1,500 來跟他分享半數獲利，對嗎？」

「不可能！」班哲明很快就回答，「首先，我為什麼要為了賺 $1,500 而先支付 $1,500？這顯然不合理。傑森要分給我的 $1,500，我必須花費 6 年時間才能慢慢收回來。為什麼我現在就要支付 $1,500，然後才在往後 6 年慢慢收回 $1,500？還有，傑森如果幹得比我想像來得好一些，分享的獲利或許會超過 $1,500，但情況也有可能比想像中糟，不是嗎？」

「沒錯，」我贊同，「也許其他小孩也會開始在學校販售口香糖，這樣傑森可能就會面對其他人的競爭，使他的銷售量因而大減。」

「不會，傑森是超級英雄，」班哲明回答，「我想沒有人能夠跟傑森競爭，這點倒不用擔心。」

「我瞭解你的意思，」我回答，「看來傑森的事業確實很棒，但半數獲利還是不值得用 $1,500 的價格去換取。但如果傑森提議，讓你用 $1 的價格去換取半數獲利呢？你願意購買嗎？」

「當然，」班哲明回答，口氣裡還有種「爸，你未免也太蠢了吧」的味道。

「那很好，」我姑且不理會他的口氣，接著說：「所以，正確價格介於 $1 到 $1,500 之間。現在，我們有個區間了，但你究竟願意支付多少？」

「450 塊。這就是我現在願意支付的價格。如果我隨後 6 年

可以取得 $1,500，我想這就是一筆相當不錯的交易，」班哲明這樣表示，而且似乎對於自己的決定相當滿意。

「很好！」我說，「你現在完全明白我究竟是靠什麼討生活的了。」

「爸，你在說什麼呀？我甚至連口香糖都沒看到耶。」

「不，班哲明，我並不是在賣口香糖。我的工作是估計別人的事業值多少錢，就如同你剛才對傑森的事業所做的估計一樣。我只要能夠以我認為非常便宜的價格買進一家事業，我就買進。」

「等等，」班哲明回答，「這聽起來未免太簡單了吧。如果一家企業值 $1,000，為何會有人願意賣你 $500 ？」

嗯，班哲明提出的問題相當合理而明顯，但這也正是促使整個程序之所以能啟動的神奇問題。我告訴班哲明，他剛才提出的問題很棒，但不論你信不信，我們經常都可以在市場上看到人們以半價出售事業。我告訴他，我可以教他到何處尋找這類便宜買進的機會。不過，這其中當然涉及了一些竅門。

竅門並不在於這個問題的答案有多麼複雜。實際上，一點也不複雜。你也不必非得是天才或超級間諜，才能找到那些以 $500 價格出售的千元大鈔。情況並非如此。事實上，我寫這本書的目的，就是要讓班哲明和他的兄弟姊妹們，不只能夠瞭解我是如何牟取生計，而且也能夠讓他們自己尋找到便宜的投資。

我想，將來不論從事哪個行業（即使跟資金管理完全無關…事實上我也不鼓勵他們從事這個行業），他們還是絕對需要瞭解如何從事投資。

可是，就如同我告訴班哲明的，這其中涉及到一個竅門。這個竅門就是，你必須聽我慢慢道來。你必須聽一段故事，必須花時間瞭解這段故事，而且更重要的是，你必須相信這個故事是真的。事實上，這個故事還包含了一套神奇公式，一個能夠讓你致富的神奇秘方。我沒騙你。不幸的是，你如果不相信這套神奇公式能夠讓你發財，那也就真的不會。反之，如果你相信我即將告訴你的事──我是說，真正的相信──那你就可以選擇是否要靠這套神奇公式賺錢。（相較於「自行打點」，這套公式可以讓你少花點時間和精力，而且對大多數人來說，它甚至可以為你創造出更好的績效，但你還是必須自行決定，在讀完本書之後，是否要予以採用。）

好了，我知道你在想什麼。這個要你「相信」的玩意兒究竟是什麼？我們談論的是某種新的宗教嗎？或許跟《小飛俠》或《綠野仙蹤》有關？不，那些水晶球裡的女巫或飛行猴子，全都跟我的故事無關。那麼…「致富」的部分呢？那又是啥呢？一本書真的就能夠教人致富嗎？這似乎沒什麼道理。如果行的話，大家早都發財了。這樣的說法，對於一本宣稱有神奇公式的書來說，尤其適用。如果大家都知道了那套神奇公式，由於大家顯然不可能全部都變得很有錢，所以那套公式很快就會變得沒用了，不是嗎？

我稍早就曾說過，這是個很長的故事。請讓我從頭慢慢說起。對於我的小孩和其他大多數人來說，故事的內容應該是很新穎才對。至於有一些成年人，他們雖然已經懂得不少有關投資的事情，甚至還是商學院畢業的，或者甚至是專門幫別人管理投資的專家，但他們的知識基本上卻都是錯的。他們打從一開始就錯了。只有很少、很少人會真的相信我即將要說的故事。我之所以知道是如此，是因為人們如果相信——真正的相信——那麼這個世界上理當應該會有更多成功的投資人才對。可是，實際上卻不是如此。我相信我可以教導各位（還有我的每位孩子），讓你們也成為成功的投資人。所以，就讓我們開始吧！

第2章

萬事起頭難。一個人如果想存點錢，肯定要有一定程度的自律，因為不論你賺了多少錢，或是從別人那裡拿到多少錢，直接花掉顯然是更簡單、更有快感的做法。我年輕時就曾經做了個決定，要把自己所有的錢花到約翰史密斯身上。約翰史密斯很需要我的錢，而我拿給約翰史密斯的錢，也確實改變了他的人生。

嗯，事實上，雖然沒什麼好隱瞞的，不過這樣的說法並不完全正確。你知道嗎？約翰史密斯其實是家公司，而且不是一家普通公司。它是一家專門販售叫聲靠墊、搔癢粉、模仿嘔吐狗等等各種玩具的郵購商店。

我要澄清一下的是，我的錢倒也不是完全浪費掉了。有時候我也會買些具有教育意義的東西。譬如說，有次約翰史密斯的人推銷我買了一個10尺高、周徑30尺的天候氣球。我不確定這種大氣球跟天候之間有什麼關係，但聽起來似乎跟教育有些關係。總之，我和我哥哥找到了一個方法，用吸塵器把氣球灌滿了空氣，但隨後我們就碰上了大問題。10尺高的氣球實在太龐大，顯然超過了我家前門的大小。於是，我們根據一種甚至連愛因斯坦都不完全懂的複雜公式，決定背過身子，努力推擠氣球，最後總算讓氣球通過了前門，而且整個過程既沒有傷及氣球，也沒有破壞門框（順便一提，我媽媽當時不在家）。那感覺簡直太妙了，只不過，我們都忘了一件事。

外面空氣的溫度，似乎比我家裡的空氣低一些。也就是說，我們灌進氣球的空氣溫度比較高。由於熱空氣比較輕（這一點似乎只有我們兄弟倆不知道），結果氣球就這樣升空飄走了，而我們兩個人只能沿路追趕著氣球，跑了大約半英里，氣球才終於被一棵樹給卡住。

很幸運的是，這段經驗讓我學習到寶貴的一課。我雖然不太記得細節究竟是怎麼回事，但我很確定的是，那段經驗跟儲蓄有關。我終於明白，我實在應該把錢存下來以供將來不時之需，而不該浪費錢去買大氣球，然後氣喘噓噓地追著它跑3、4分鐘。

回到我們討論的主題。假設我們都同意，「儲蓄以供將來不時之需」是很重要的事。另外，我們也假設你可以抵抗約翰史密斯，還有其他成千上萬店家對你的誘惑，而且你（或是你的家人）能夠提供你自己生活的所有必需品，包括：食物、衣著、住屋等等。由於你很懂得謹慎安排金錢花費，因此我們假設你有辦法至少存下一點錢。你的挑戰，就是把這些錢（譬如說$1,000美元）放到某個地方，讓它能夠變得更多。

聽起來蠻簡單的。A計畫，你可以把錢放到床墊下或是擺進存錢筒。不過這麼一來，等你將來（可能是幾年之後）想要用這些錢時，它依然是當初的$1,000。這些錢絕不會變多。事實上，如果物價在這段期間裡上升（也就是 $1,000 能夠買的東西變少），這些錢實際上就是貶值了。總之，藏在床墊下之類的計畫，實在不算是高明的做法。

B 計畫 ， 想必更好才對。一點也沒錯。只要把 $1,000 存進銀行，銀行不只會幫你保管這些錢，甚至還會讓你享有某種好處——你每年都可以從銀行那邊收到利息。一般來說，存款期間愈長，利率也就愈高。如果你同意把 $1,000 存在銀行五年，每年收到的利息可能就是 5%。在這樣的情況下，第一年就會收到原始存款 $1,000 的 $50 利息，換句話說，你第二年初的存款餘額便是 $1,050。到了第二年，你收到的利息就會變成 $1,050 的 5%，也就是 $52.50。依此類推，到了第五年，你原本的 $1,000 就會成長為 $1,276。這聽起來還不賴，起碼遠勝過床墊計畫。

B 計畫還可以進一步延伸為 C 計畫。這個計畫簡單說就是「誰需要銀行？」其實你大可以跳過銀行，直接把錢借給企業或某個人。企業有時候會直接發行**債券**來籌措資金。雖然一般小商店並不會這麼做，但比較大型的業者（譬如麥當勞）就經常這麼做。如果你拿 $1,000 購買某大公司所發行的債券，該公司可能就會同意每年支付給你 8%的利息，並在 10 年後歸還你當初的 $1,000。這顯然勝過銀行的 5%利息。

可是，這其中涉及一個小問題：如果你購買了某家公司的債券，萬一該公司發生狀況，你不但有可能拿不到利息，甚至連本金也都會全部泡湯。這也就是為什麼某些風險較高的企業，它們的債券所支付的利息，必須比另一些績優企業來得高，而且這也是公司債券所支付的利息，通常會高於銀行利息的緣故。人們購買債券之所以要求收取較高利息，正是因為他們必須承擔比較高的風險，因為他們有可能拿不到利息，甚至收不回本金。

當然，如果你不想承擔**任何**風險，還是可以考慮美國政府所發行的債券。這個世界上雖然沒有什麼東西是絕對沒風險的，但借錢給美國政府，可能就是最接近無風險的投資管道了。所以，你如果願意把 $1,000 借給美國政府，為期 10 年，美國政府或許就會同意每年支付 6% 利息給你（期間如果更短，譬如 5 年，那麼利息通常也就會低一些，也許是 4% 或 5%）。

以此處的討論來說，我們主要考慮的是 10 年期美國政府公債。我們之所以挑選這種債券，是因為 10 年算是很長的期間。我們想以這種相當安全的美國政府公債作為基準，對照其他長期投資選項來做比較。假設這種 10 年期公債的年利率為 6%，那就代表人們願意出借資金 10 年，但不願意承擔任何本金回收和利息的風險，這樣的話每年至少還是能夠賺取 6% 的利息。換言之，對於這些願意讓資金「套牢」10 年的人來說，每年的「無風險」報酬率就是 6%。

這個概念很重要。如果任何人想跟你借錢，或要你投資一筆錢，你就要有心理準備，每年的利息必須超過 6% 才行。為什麼？因為你可以在不承擔任何風險的情況下，每年賺取 6% 的利息。你只要把錢借給美國政府，就能保證每年取得 6% 的利息，每年如此，為期 10 年。傑森如果要你投資他的口香糖販售事業，那麼投資報酬率就必須每年超過6%，否則他就不能指望你會願意投資。傑森如果想籌措長期資金，面臨的條件也是如此。他籌措資金所需支付的利息，應該會超過6%。

基本上就是這樣了。本章只有幾件事是你需要記住的：

1. 你可以把錢藏在床墊下（不過，這並不是個好主意）。
2. 你可以把錢存到銀行，或是購買美國政府公債。這樣就可以在**不承擔風險**（註1）的情況下收取利息，到期還保證一定能夠取回資金。
3. 你可以購買企業或其他機構所發行的債券。這類投資所賺取的利息，應該會高於銀行存款或美國政府公債——但你也有可能發生部分或全部的損失，所以你所賺取的報酬，必須足以彌補這方面的風險。
4. 資金也可以做其他的投資（下一章討論）。

哦！我差點忘了，還有

（註1）$100,000或以下的銀行存款，將可受到美國政府機構的保障。你必須持續維持銀行存款或持有債券直至到期（可能是5或10年，視當初所定的條件而異），如此才能確保起始投資不致損失。

5. 熱空氣會往上升。

嘿！畢竟我還是從那顆氣球學到了一些東西。謝謝啦，約翰史密斯。

> 我要把各位所面臨的情況，弄得更單純一些。以目前來說，美國10年期政府公債利息顯著低於6%。可是，當美國長期公債的利息低於6%時，我們還是會假設利息為6%。換言之，不論美國長期公債利率實際上如何，我們的其他替代投資起碼都要超過6%。總之，其他投資所賺取的報酬率，都必須要顯著超過政府公債的無風險報酬率才行。當然，美國長期公債利率如果上升到7%或更高，那我們的對照無風險報酬率，也就要跟著調整到7%或更高的水準了。

第3章

好啦！你的錢還能擺到哪裡去呢？沒錯，把錢存到銀行裡，或拿去買政府公債，聽起來都沒什麼意思。嘿！我知道了！我們何不到跑馬場找匹馬來下注呢？事實上，我確實曾經這樣嘗試過，但結果不太好。我甚至試過跑狗場，那是一群狗追著機械兔子繞著圓圈跑的一種比賽。看起來蠻有趣的，而且還能跟一堆有趣的人打混——那裡什麼人都有呢！

不過，你知道的，只要認真想想，就知道這不是個好主意。我的狗最後雖然抓到了兔子，但還是沒替我帶來什麼財富。我那隻小傢伙在跑第一圈的時候，就被其他狗撞倒，結果牠跳了起來，就開始朝相反方向跑。不幸的是，當機械兔子以每小時60英里速度衝著牠而來時，我的狗——也就是我所有錢全都下注在牠身上的那條狗——竟然飛躍撲向兔子…結果當然是慘不忍睹（既然各位想知道，那我就說吧——牠撞上每小時60英里全速前進的機械兔子，結果被拋到30英尺的空中，後來更因此被取消比賽資格，而我當然也輸掉了所有的錢。）[註2]

(註2) 喔！那條狗最後倒是沒什麼大礙。

總之，既然我們考慮過許多可行的投資方式（我相信在這個世界某處，一定有人在舉辦昆蟲或甲殼類動物賽跑之類的比賽，只是我還沒找到而已），讓我們再多看一個也無妨。投資某個事業，如何？傑森畢竟總有一天會長大。他或許會經營一家口香糖商店。最好有好幾個店面（通常稱為「連鎖店」），而且還有個響亮的名稱，譬如「傑森口香糖專賣店」什麼的。

假設傑森親自調教這家獨特口香糖專賣店的所有業務人員，而且連鎖店事業也經營得非常成功（這很有可能發生）。現在，傑森跑來找你，希望把他一半的事業賣給你（他想利用這些資金買副新的太陽眼鏡、一部真正的轎車，再買棟房子，如果幸運的話，或許還能找到傑森夫人）。不過，他現在想要的可是一筆大錢，而我們在接受傑森的提議之前，當然必須認真評估。

我們從小看著傑森長大，他過去騎著速克達在鎮上瞎混，但現在他已經長大不少了。他的一半事業，開價 $600 萬；當然，$600 萬不是一般人負擔得起的投資，但很幸運的是，傑森並不打算把半數事業賣給單一個人。事實上，傑森打算把整個事業分割為 100 萬個單位（也就是華爾街所謂的「股」）。傑森準備自己留下 50 萬股，剩餘的 50 萬股則按照每股 $12 出售，總計為 $600 萬。任何人如果有興趣投資傑森的企業，就可以按照每股 $12 買進 1 股、100 股、1,000 股，或是任何其他的股數。

舉例來說，如果你想買 10,000 股，就必須投資 $120,000，並因此擁有傑森口香糖專賣店的 1%股權（1 萬股除以總股數 100

萬股）。1%股權並不代表你擁有傑森事業的某個部門或某家分店。你擁有的是傑森口香糖專賣店的10,000股或1%股權，代表你有權利取得傑森口香糖專賣店未來盈餘的1%。當然，你必須先盤算看看，花費$120,000取得傑森未來口香糖事業獲利的1%，是否是個好主意。（到了這個地步，我們的分析就變得有點棘手了；此時我們必須扮演一位勝任的偵探角色，否則就有可能搞砸，同時讓我們的投資，像無味的口香糖被吐掉…總之，你一定懂得我的意思。）

很幸運的是，傑森提供了很多資訊。目前我們已經知道，傑森針對口香糖專賣店的股權，要價每股$12，總共有100萬股（這也就是「在外流通股數」）。很好，沒問題，但此處的關鍵是，**我們**認為這個事業有多少價值。所以，讓我們來看看傑森給我們的其他資料。

去年，傑森所經營的10家口香糖店面，總共銷售了價值$1,000萬的口香糖。當然，這$1,000萬是銷售金額，不是傑森的獲利。經營商店顯然需要成本。傑森去年的總銷貨成本是$600萬。所以，獲利是$400萬。可是，且慢，這還沒完呢。

傑森必須支付10個店面的房租；還有難搞的店員也都要支付薪水，因為他們負責照顧店面，維持營運順暢；還有水電費，其他還有垃圾處理、作帳與各種管理費用（就是因為花費了這些管理費用，才讓傑森能夠掌握到整個連鎖店盈餘的完整資料）。假設這些費用總計剛好是$200萬。所以，傑森的獲利還必須扣掉$200萬。可是，這還沒結束呢。

傑森的事業必須繳稅。政府服務人民，顯然需要資金，而賺錢的事業，就必須負擔應付稅金。以傑森口香糖專賣店來說，假設稅率是 40%（這是一般事業所適用的稅率）。由於傑森的獲利是 $200 萬，稅金是獲利的 40%，所以是 $80 萬，因此傑森口香糖專賣店的**淨利**剩下 $120 萬。

事實上，傑森運用了一份相當簡潔的表格（稱為「損益表」），把去年所得的所有相關資訊全都清楚地表列了出來（請參考表 3.1）。

表 3.1 傑森口香糖專賣店年度損益表（最近十二個月）	
銷貨	$10,000,000
銷貨成本	-6,000,000
毛利	4,000,000
銷貨，一般和管理費用	-2,000,000
稅前所得	2,000,000
稅金（@ 40%）	-800,000
淨利	$1,200,000

好囉，就是這樣。傑森口香糖專賣店去年賺了 $120 萬。傑森認為，這代表整個事業的價值有 $1,200 萬。他願意根據 $1,200 萬的估價出售部分事業，最多高達整個事業的一半。我們應該接受嗎？為了方便起見，讓我們看看每股支付 $12，究竟可以拿到什麼好處？

傑森把整個事業劃分為 100 萬等分（股）。換言之，整個事業淨賺 $120 萬，因此每股份平分該金額的 100 萬分之一。$120 萬除以 100 萬股，相當於每股 $1.2，也就是每支付 $12 購買一股，就有權利取得 $1.2 的盈餘。這筆交易如何？這麼看吧，如果我們投資 $12 而第一年可以賺取 $1.20，那麼第一年的投資報酬率就是：

$1.2 ／ $12 ＝ 10％

第一年的報酬率有 10％！很不錯，不是嗎？根據第 2 章曾經談過的，這起碼勝過美國長期公債所提供的年度報酬率 6％。10％的報酬率，顯然勝過 6％，但為了取得 $1.2 盈餘而支付 $12，這真的是一筆好交易嗎？

事情通常沒有這麼簡單（不過根據後續章節的說明，差不多也就是如此！）關鍵是——剛開始的情況看起來還不錯，但在我們在做成最後決定之前，還需要考慮一些其他事情。

第一，每股 $1.20 是傑森口香糖專賣店**去年**所賺的盈餘。可是，我們必須判斷該事業將來是否每年都能賺取到這種程度的盈餘。雖然該事業將來的盈餘，有可能會更**多**，但也有可能更**少**。運用去年的盈餘來估計明年的盈餘，也許是個合理的基準，但也可能不是。傑森口香糖專賣店明年的盈餘可能不是 $1.20；若是如此，我們的投資報酬率就不是 10%，可能更多，也可能更少。

第二，一旦估計了明年的盈餘，我們就必須判斷這項預測有多**可靠**。如果我們根本不知道口香糖每年的銷貨量有多穩定，那麼估計也就只是隨意的猜測而已。傑森的口香糖專賣店有可能只是一時流行，其他糖果店的競爭也可能會影響到傑森的銷售業績。因此，我們必須做出合理的估計。如果我們不確定盈餘是每股 $1.50 還是 $2.00，這種程度的不確定性是沒問題的，因為這兩個數據都代表起始投資每股 $12 的報酬率會超過 10%。但如果我們不確定明年的盈餘是每股 20 美分還是 $1.20，那麼投資長期公債的無風險報酬率 6% 看起來就好多了。

第三，以上全都只是考慮明年的情況，那只不過是一年而已。即使傑森口香糖專賣店明年的盈餘仍是每股 $1.20，但往後的其他年份呢？盈餘是否能夠每年持續成長呢？每家店面的口香糖銷售量也許每年都能成長，使得整體盈餘也跟著成長。10 家店面能夠賺取每股 $1.20 的盈餘，但幾年後如果擴張到 20 家店面，盈餘是否還能繼續成長到每股 $2.40 或更高的程度呢？當然，未來幾年內，口香糖事業也有可能會衰退（到時候只能說很遺憾），使得每股盈餘長期低於 $1.20。還有…。

嗯，各位想必已經開始雙手冒汗了，我感覺得出來。這玩意兒太難了，恐怕誰也搞不清楚，是吧？就算你盡力而為，但我難道真的可以期待你（或我的小孩）把錢押在這些猜測或估計上面嗎？外面不是有很多碩士、博士、專家，還有所謂的專業分析師，更別提那些全職的基金經理人，他們不也是全都想搞懂這些東西嗎？你們這些沒受過訓練的人，如何能夠跟那些既精明又辛勤工作的傢伙競爭呢？

好，先冷靜下來。難道我真的幫不上忙嗎？請對我有點信心！挺住。先讓我做個摘要總結，告訴各位一些應該要記住的重要事項，然後我們再繼續前進。別急，我們一步一步來…

以下就是各位需要知道的事情：

1. 購買某企業的股份，代表你購買了該企業的一部分。你有權利取得該事業未來的一部分盈餘。

2. 想要評估一家企業的價值，需要估計（或猜測）該企業將來能夠賺多少盈餘。

3. 特定一筆資金，投資於股票所創造的未來盈餘，必須超過投資 10 年期美國公債的無風險報酬。（記住，我們稍早的假設是，即使政府公債利率低於 6%，這個最低年度報酬率還是 6%。）

4. 不，我並沒有忘記**神奇公式**。可是，請各位暫時先別繞著這個打轉，好嗎？

第 4 章

是的，評估一家企業的價值，顯然不簡單。從各種角度猜測與估計之後，所得到的數據有可能正確，也有可能是錯誤的。但如果你真的知道如何評估呢？假設你能夠估計出企業的真正價值，你是否可以運用這個資訊做些什麼呢？是否真如同我在本書第 1 章所承諾的，你可以用一半價格買進一家企業？用 $500 就能買到價值 $1,000 的東西？當然沒問題。然而，首先請讓我們先花費幾分鐘時間，討論一下在商學院會學到的東西吧。

過去 9 年來，我一直在某家長春藤大學的研究院，教導學生投資課程。不用說，這群學生都相當聰明。每年上課的第一天，我走進教室，都會打開報紙的金融版，找到小字印刷的股票行情版，上面列著上市公司名稱，以及最近的股票價格行情。

我說，「請各位大聲說出一些著名大企業的名稱。」學生們通常會回應一些公司名稱，譬如：奇異電器、IBM、通用汽車或 Abercrombie & Fitch。事實上，公司名稱本身並不重要。我想要強調的東西很簡單，任何產業的任何公司都一樣，不論其規模大小，或是知名與否，都不重要。結果都是一樣的。

我看著報紙，唸出奇異電器旁邊的數據。「奇異電器昨天的股票收盤價是每股 $35。另外有數據顯示，奇異電器最近一年的最高價為每股 $53，最低價則是 $29。」

「至於 IBM，情況也一樣。各位昨天可以按照每股 $85 的價格購買 IBM。過去一年來，IBM 最高價為 $93，最低價為 $55。」

「通用汽車股票的昨天收盤價為每股 $37。最近一年來的價格則介於 $30 到 $60 之間。至於 Abercrombie & Fitch，昨天價格為每股 $27，去年價格則介於最低價 $15 到最高價 $33 之間。」

我指出，短短一年期間內，股價變動的區間相當大。如果是兩、三年期間，股價變動的範圍想必更可觀。

這個時候，我就會提出我想要問的問題──怎麼會這樣呢？這些都是著名的大企業。它們把事業所有權等分為數千萬或數億股，就如同傑森的口香糖專賣店一樣。最初，這些股票是賣給投資大眾（包括個人與機構投資人）。然後，這些人可以自由買賣這些股票。

每天，報紙都會刊載好幾千家上市公司的名稱和股票交易價格。這些股票的交易，是透過集中市場與電腦網路在進行的。股票交易的場所，統稱為**股票市場**。

類似像 IBM 或通用汽車之類的大企業，其流通股票可能有好幾十億股。換言之，你如果可以在某個時候按照每股 $30 的價格購買通用汽車股票（這個例子裡，我們假設通用汽車的股票總流通股數為 10 億股），那就代表整個公司（總共 10 億股）的總價值為 $300 億。可是，同一年內，當通用汽車股價為每股 $60 時，公司總價值就是 $600 億。

所以，容我重複一下先前的問題——怎麼會這樣呢？通用汽車是整個北美地區最大的汽車製造業，其價值會在同一年內變動如此劇烈嗎？一家公司有可能今天價值 $300 億，而隔幾個月之後，價值就突然變成 $600 億嗎？這段期間裡，難道汽車產量增加一倍嗎？盈餘成長一倍嗎？公司究竟發生了什麼重大變動，否則公司價值為何會突然增加一倍？當然，其他公司也會發生類似的狀況。譬如說，IBM、奇異電器和 Abercrombie & Fitch，全都是如此。所以，每年是否都會發生什麼事故，使得大多數企業的價值會產生如此劇烈的變動？

請記住，每年的情況都是如此。不論學生們提出的公司是哪家，股票年度交易價格的高、低價差都很顯著。這種現象合理嗎？為了不浪費上課時間，我通常都會自己回答這個問題：不！在短短一年期間內，一家公司的**價值**竟然會出現高、低落差如此嚴重的情況，而且每年都如此，這顯然不合理。可是，大多數企業的股票**價格**確實會在一年內大幅波動，而且年年如此。我們只要瀏覽報紙上刊載的資料，就無法否認這種現象。

所以，我請教眼前這群精明的學生們，解釋這種現象發生的理由。這些企業的**價值**如果不可能每年發生顯著的變動，為何**價格**會有如此劇烈的波動呢？這是個好問題，所以我通常都會讓學生們花點時間整理他們的複雜理論，並提出解釋。

事實上，有很多專家學者在經濟學、數學與社會科學等領域，發展出各種模型試圖解釋這個問題。還有更神奇的是，各種學術理論也試圖針對這種不合理現象，提出合理的解釋——你必須**非常**精明，才能辦到這點。

所以，股票價格究竟為何會在一年之內呈現如此劇烈的波動，即使相應的企業價值顯然不是如此？我給學生們的解釋如下：天知道？誰在乎？

人們有時候就是會發蠢。未來盈餘有可能很難預測。你所支付的價格，或許很難判斷其**合理**報酬率。但人們有時候就是可能會因為心情低落，而不願意支付較高的價格，有時候卻又可能會因為心情很好，而願意支付較高價格。人們高興的時候，傾向於高估未來盈餘，所以就願意支付高價；反之，如果心情不好，就會低估未來盈餘，只願意支付低價。

可是，如同我所說的，人們有時候就是會發蠢（這是我最偏愛的觀點）。事實上，我並不需要知道人們**為何**願意在短時間內，支付差異如此巨大的價格買賣股票。我只要知道**他們確實在這麼做**，也就夠了。這有什麼用呢？讓我們想想看。

假設你發現某企業（或許是傑森口香糖專賣店）的每股價值為 $10 到 $12 之間，但在一年內的不同時間，你有可能可以按照每股 $6 ～ $11 的價格購買股票。假設你對於企業價值的估計很有信心；在這樣的情況下，如果股價是在 $11 附近，那就很難決定是否要買進股票。可是，如果這家公司的股價是在 $6 附近，決策顯然就簡單多了！如果按照每股 $6 購買，而你的估計大概正確，那麼就等於是用 50 或 60 美分價格購買價值 $1 的東西（也就是只需支付實際價值的 50%或 60%）。

班哲明・葛拉罕（Benjamin Graham）是股票市場中最偉大的思想家和作家，他曾經這麼說過：假設你的事業伙伴有位叫做「市場先生」的瘋狂傢伙。市場先生的心情起伏波動很大。每天，市場先生都會提供他想買進股票的價格，也會提供他想賣出股票的價格。市場先生只提供報價，至於究竟是買或賣，則完全由你決定，你有三種選擇。你可以按照市場先生想買股票的價格，把自己的股票賣給市場先生；你也可以按照市場先生想賣股票的價格，向市場先生買股票；當然，你也可以什麼都不做。

市場先生有時候心情很好，他提供的報價遠超過企業價值。碰到這種情況，你或許就應該把股票賣給市場先生。另一些時候，市場先生的心情很差，提供的報價也很低。碰到這種情況，你或許就應該趁機向市場先生買股票。可是，市場先生提供的報價，如果不特別高，也不特別低，你或許就什麼都不該做。

股票市場的實際運作狀況就是如此。股票市場其實就是「市場先生」！根據報載的價格資料顯示，通用汽車的股價為每股 $37，你有三種選擇：你可以按照每股 $37 賣掉通用汽車股票，也可以按照這個價格買進股票，你也可以什麼都不做。如果你認為通用的每股價值應該有 $70，那麼每股 $37 看起來就便宜得離譜，顯然應該買進。反之，如果你認為通用的每股價值實際上只有 $30 或 $35（而你剛好也擁有一些股票），或許就應該按照每股 $37 的價格把股票賣給「市場先生」。如果你認為通用股票的價值大概介於 $40 到 $45 之間，你就可以決定什麼也不做。

在這樣的情況下，每股價格 $37 並不特別便宜，不值得買進，當然也不該賣出。

總之，沒有人逼你非要採取行動。唯有當你覺得市場先生提供的報價夠低（你可以考慮買進）或夠高（你可以考慮賣出）時，才有必要決定是否採取行動。

當股票價格明顯低於價值時，葛拉罕稱呼這種買進機會，是具有**安全邊際**（margin of safety）的投資。你所估計的企業價值（譬如 $70）與購買價格（譬如 $37）兩者之間的差額，就代表投資的安全邊際。如果你對於企業價值的估計稍微偏高，或通用汽車的營運狀況不如預期理想，那麼當初投資的安全邊際，就能發揮功能，保障你免於發生虧損。

即使你當初估計的每股合理價值 $70 偏高，實際價值只有 $60，甚至是 $50，購買價格 $37 所提供的安全邊際，應該還是能夠讓投資賺錢。葛拉罕認為，如果想向市場先生這種瘋狂伙伴購買股票，永遠都應該引用安全邊際的投資原則，這也是賺取安全、可靠獲利的秘訣。事實上，某些最偉大的投資人，他們的成功就是因為採納了這兩個概念——投資需要有安全邊際，並且把股票市場看成是交易往來的市場先生。

可是，且慢！這裡還是有問題，甚至是好幾個問題。第一，如同前文所提過的，我們怎麼知道一家企業的價值呢？如果不知道企業的合理價值，就無法將其除以流通股數而取得每股合理價值。所以，即使通用汽車股票的某天交易價格為每股

$30，幾個月之後的每股價格是 $60，我們還是不知道股價究竟是便宜或昂貴，因為兩個價格可能都很便宜，也可能都很貴，當然，也還有其他的可能性。總之，根據我們目前所瞭解的，即使便宜價格從天而降，我們也不知道。

第二，即使我們琢磨出某種公平合理的價格或價格區間，應該也沒有把握知道該數據是否正確，或是否接近正確。記住，當我們盤算企業的合理價值時，必須做出很多猜測和估計。這類估計程序必須預測企業往後多年期間的盈餘。即使是這方面的專家——姑且不論何謂專家——恐怕也很難拿得準。

第三，如同稍早所說的，不是有很多努力做研究的精明傢伙，他們也在做這方面的嘗試嗎？市場上不是有很多股票分析師與專業投資人，他們的工作就是估計企業的價值？即使我能教導各位如何做投資，那些精明、受過訓練、經驗豐富的人難道不會更棒嗎？這些人不會在我們之前，先搶走所有便宜貨嗎？你如何跟這些人競爭呢？你只不過是花了點錢，買了一本書——這本書認為，即使是小孩（好吧，十多歲的年輕人）也可以學習如何在股票市場賺大錢。這種說法有道理嗎？各位究竟能有多少勝算呢？

嗯，即使是頭腦清楚的正常人，現在恐怕也會覺得自己有點蠢。可是，各位可是花了錢才買了這本書！現在…整副牌可能就只欠幾張了。

所以，我們至少要得到我們能得到的東西吧。無論如何，目前的摘要結論如下：

摘要結論

1. **股價**短期間內雖然會劇烈波動，但這並不代表根本企業的**價值**，也會在相同期間內劇烈波動。事實上，股票市場的行為，相當類似所謂的市場先生。

2. 最好能在所估計的合理價值上有顯著的折扣，再購買企業的股票，如此才能夠得到足夠的**安全邊際**，創造穩定而安全的投資。

3. 根據我們截至目前止所學到的知識，即使便宜價格從天而降，我們也不會知道。

4. 整副牌可能就只欠幾張，所以各位最好繼續往下閱讀。

第5章

我喜歡看電影，《小子難纏》（The Karate Kid）是我最喜歡的電影之一。當然，凡是有爆米花和糖果可吃的任何藝術型態，我都可以接受。可是，這場電影有個場景特別吸引我。當時，空手道老師宮城先生應該是在教導徒弟丹尼爾如何打架。丹尼爾剛到一家新學校，被一群練空手道的小孩霸凌。丹尼爾希望能學習空手道，幫他解脫痛苦，甚至幫他追求女朋友。可是，宮城先生並沒有馬上教導他空手道，反而要他去工作——幫汽車塗蠟、在牆上刷油漆、打磨地板…等。

經過一陣子辛苦工作——打蠟、刷油漆、磨地板——這位年輕人再也受不了了。他當面跟宮城先生起衝突，抱怨道：「我原本是要來練空手道的，為什麼現在要浪費時間做這些簡單、低下的工作呢？」宮城先生要丹尼爾站好，然後開始用雙掌戳刺，同時大叫「塗蠟動作開始！」接著就看到丹尼爾用塗蠟的畫圓圈動作抵擋攻擊，這個動作他已經非常熟練，因為他一直在幫汽車打蠟。接著，宮城先生又用拳頭攻擊他，同時大叫「刷油漆！」同樣地，丹尼爾藉由刷油漆動作上下抵擋攻擊。最後，宮城先生的空手道足部攻擊，也被丹尼爾平常練習的磨地板動作躲開了。

只練習了幾個簡單的技巧，丹尼爾就成了空手道的小師傅。有時候，如果是看到一場好電影，觀眾往往就**願意將疑惑擺在**

一旁。換言之，我們都知道，拉夫．馬奇爾（飾演丹尼爾的明星）絕對沒辦法在小巷子裡藉由塗蠟動作抵擋攻擊。在現實世界裡，馬奇爾在比畫第一個動作之前，很可能就會先被打到昏死過去了。可是在電影裡面，我們卻非常願意相信馬奇爾的簡單方法，能夠產生神奇效果。

現在，我也要請讀者暫時將心中的疑惑擺在一旁。這倒不是說各位即將學習到的東西，其中有什麼不合理之處。事實上剛好相反，本章準備討論兩個簡單而明顯的概念。可是，正因為這兩個概念如此基本，所以各位恐怕很難相信這種簡單的工具，竟然可以讓你成為股票市場大師。可是，現在請注意了，我答應各位絕不會被一棒打昏。

我們上次談到故事主角傑森的時候，他給我們提出了一項投資方案。我們究竟想不想要投資他那個經營非常成功的傑森口香糖專賣店呢？（想要嗎？你知道你很想要，對吧…）可是，要回答這個問題，實在不簡單。

閱讀傑森所提供的**損益表**，其中顯示傑森的 10 家連鎖店去年總共賺了 $120 萬——相當了不起。由於傑森把他的事業劃分為 100 萬等分（股），所以每股有權利分得 $1.20 盈餘（$120 萬除以 100 萬股）。按照傑森要求的每股 $12 價格，傑森口香糖專賣店將給每股提供 10%的投資報酬（$1.20 除以 $12 ＝ 10%）。

這 10%報酬是把「年度每股盈餘」，除以「每股價格」，也就是所謂的**盈餘殖利率**（earnings yield）。相較於美國政府 10 年期公債提供的無風險報酬率 6%，傑森事業所提供的盈餘殖利率是 10%。關於此兩者的比較，我們的結論相當明確：每年 10% 的投資盈餘勝過 6% 報酬。前述分析雖然很單純，但我們也碰到一些問題。

第一，傑森口香糖專賣店去年盈餘為每股 $1.20。明年的盈餘可能截然不同。傑森事業的明年盈餘如果少於每股 $1.20，我們的投資報酬就不到 10%，雖然還是可能優於政府公債的 6% 報酬。第二，即使明年盈餘為每股 $1.20 或更多，那也只是一年而已。我們怎麼知道，或如何知道傑森口香糖專賣店的未來盈餘？每股盈餘有可能遠超過 $1.20，也有可能遠遠不如，我們的盈餘殖利率也有可能顯著低於美國公債所提供的 6% 無風險報酬。最後，即使我們對於未來盈餘抱著特定看法，我們又如何確定這些預測是正確無誤的呢？

總之，所有的問題都可以歸納為下列癥結：未來很難預測。我們如果無法預測企業的未來盈餘，自然就無法有個明確的價值數據。我們對於企業的價值如果沒有譜，那麼市場先生即使做了瘋狂的事情，我們也無從判斷價格是否便宜。可是，讓我們暫且擱置那些我們不知道的事情，不妨把注意力擺在我們已經知道的事情上。

如同前文所討論的，傑森口香糖專賣店去年盈餘為每股 $1.20。按照每股 $12 計算，盈餘殖利率是 $1.2 除以 $12，也就是 10%。可是，傑森去年的盈餘如果是每股 $2.40 呢？假設我們仍然能夠按照每股 $12 買進股票，盈餘殖利率將如何？ $2.40 除

以 $12，盈餘殖利率就是 20%。同理，如果每股盈餘是 $3.60，而每股價格仍然是 $12，盈餘殖利率將會是 30%。

現在，請注意了，本章只想提出兩個主要論點，我準備問個問題，藉以測試各位是否真的瞭解第一個論點。假設所有條件不變，如果傑森事業的每股價格仍然是 $12，各位喜歡哪個盈餘？對於去年的每股盈餘 $1.20、$2.40 與 $3.60，你喜歡哪個？換言之，你喜歡哪個盈餘殖利率：10%？ 20%？或 30%？如果你認為 30%顯然優於 20%和 10%，那就對了！這就是我要強調的第一個論點：盈餘殖利率愈大愈好！相較於所支付的股價，我們希望盈餘愈多愈好！

所以，不太難，不是嗎？但接著是本章的第二個論點，概念上跟第一個論點不同（否則我就沒有必要浪費大家的時間重複說一次——除非是在括弧裡）。第一個論點跟**價格**有關——相對於購買價格，我們得到的盈餘為多少。換言之，購買價格是否便宜？可是，除了價格之外，我也想知道事業本身的性質。總之，我們所購買的事業，究竟是**好**企業？還是**壞**企業？

當然，企業「好」或「壞」，定義的方式有好幾種。譬如說，我們考慮的基準可以是：產品或服務的品質、對於客戶的忠誠度、品牌價值、經營效率、管理團隊能力、競爭者力量、企業長期宗旨…等。很顯然地，所有這些基準——不論個別或組合——都有助於評估企業的好或壞。所有這些評估也涉及猜測、估計或預測。我們之前也都同意，這是個相當困難的程序。

所以，同樣地，我們或許應該先審視我們已經知道的部分。事實上，我們姑且不做**任何**預測。反之，就讓我們看看**去年的**數據。舉例來說，我們知道傑森建構每家分店要花費 $40 萬（包括：存貨、商店布置…等），而去年平均每家分店幫他賺了 $20 萬。這意味著——至少根據去年的績效——傑森口香糖連鎖店的每個店面，起始投資各為 $40 萬，每年賺 $20 萬。這代表起始開設成本的年度報酬率為 50%（$20 萬除以 $40 萬）。這個 50% 通常稱為**資本報酬率**。我們雖然所知不多，但成本 $40 萬賺了 $20 萬，聽起來確實像是蠻不錯的好企業。可是，困難的部分來了（其實也未必困難）。

假設傑森有個朋友叫做金伯，他也擁有一家連鎖事業——JB 商店。假設金伯的每個店面開設成本也是 $40 萬，但每家店面去年只賺 $1 萬，那又如何？成本 $40 萬只賺進 $1 萬，年度報酬率相當於 2.5%，資本報酬率為 2.5%。棘手的問題是：哪個企業聽起來比較好？是傑森口香糖專賣店還是 JB 商店？前者每家店面開設成本 $40 萬，去年賺了 $20 萬，後者每家店面的開設成本也是 $40 萬，去年只賺了 $1 萬。換言之，那家聽起來比較好——資本報酬率 50%？還是資本報酬率 2.5%？答案當然很明顯——這也是本章想要強調的第二個論點。你應該擁有一家資本報酬率較高的企業！（註 3）

（註 3）如果想進一步了解金伯的經營績效，請查看本章最後框框中的說明！

可是，現在讓我們來看看最了不起的終結。你是否還記得我稍早曾說過，本章將提出令人難以置信的兩個重點？各位只要運用這兩種簡單的工具，就可以成為「股票市場大師」？嗯，相信吧！**你**就是股票市場大師。

怎麼說？**如同各位將在下一章看到的，如果你只買進好企業（資本報酬率儘可能最高者），並以便宜的價格買進（盈餘殖利率儘可能最高者），你就可以因此有系統地買到市場先生幾乎是憑空丟棄的好企業**。這種投資方式所創造的報酬績效，將徹底擊敗頂尖的專業投資人（包括我所認識的某些最精明的專家）。你可以擊敗第一流教授，勝過每份學術研究報告。事實上，你的年度報酬率很可能是股價指數的兩倍！

而且，不僅如此而已。你自己一個人就可以辦到所有這一切。這麼做的風險很低。這一切也沒有涉及任何預測。你只要透過一套簡單的公式，就可以辦到，而這套公式只會運用到各位在本章所學到的兩個基本概念。你這輩子隨時都可以這麼做——但你也可以在真正相信這套公式確實有效之後，才這麼去做。

覺得難以置信？證明這個結論，是我的工作。各位的工作，則是繼續讀下去，瞭解這種方法之所以有效，唯一的理由就是因為它完全合理。可是，我們還是要把摘要結論先列出來：

1. 應該以便宜的價格購買企業股票。辦法之一，就是根據所支付的價格，挑選盈餘儘可能最高者。換言之，盈餘殖利率愈高愈好。

2. 買進好企業，勝過買進壞企業。辦法之一，就是挑選那些能夠創造自身最高報酬率的企業。換言之，挑選資本報酬率儘可能最高的企業。

3. 結合前述兩點，也就是以便宜的價格購買好企業，這就是投資賺大錢的秘訣。

哦，最重要的是：

4. 不要把錢拿給金伯。

事實上，除非金伯期待 JB 商店將來能夠賺很多錢（這個假設當然涉及對於將來的預測），否則金伯的事業就屬於壞企業，當初根本就不該成立 JB 商店。如果他決定花費 $40 萬開設一家只能賺取 2.5%盈餘的商店，那還不如乾脆購買美國政府長期公債，因為後者可以提供 6%的無風險報酬。開設 JB 商店，金伯實際上是浪擲資金！（表面上看起來，新店面雖然能夠賺取 2.5%的盈餘，但實際上是浪費了原本可以在美國長期公債額外賺到的 3.5%報酬！）

第6章

所以，我們已經準備妥當，可以開始處理**神奇公式**了！當然，想必還有些人認為這套公式沒用，甚至認為本書宣稱有所謂的神奇公式，顯然就有問題。可是，各位可知道，即使偉大如班哲明．葛拉罕，他是投資界最受推崇、最具影響力的先驅，他引進市場先生和安全邊際的概念時，也寫過且運用過所謂的神奇公式。這麼說的話，各位是否會覺得好過些呢？好吧，他並沒有真的如此稱呼這套方法（顯然我這個人還算有點自尊）。可是，葛拉罕覺得大多數個人投資者，甚至很多專業投資人，為了分析相關事業與投資的價值，在從事這類的預測時，執行上恐怕都會遭遇到困難。葛拉罕認為，如果能夠跟大家分享一種簡單的公式，一種合理而運用於過去資料也確實有效的公式，個人投資者將能在很安全的情況下，達到優異的投資績效

在葛拉罕的公式裡，他主張購買企業股票的價格必須很低，甚至低於相關公司結束營運，而把企業資產當做火災過後大拍賣的狀況（對於這種股票的稱呼，他曾經用過各種不同名稱：**便宜貨**〔bargain issues〕、**淨流動資產股票**〔net-current-asset stocks〕，或低於**淨清算價值**〔net liquidation value〕的股票拍賣）。葛拉罕表示，這看起來「**簡單得有點荒唐地說**」，人們可以買進包含20、30家這類價格夠便宜而符合這項公式嚴格條件的一組

股票，即使不做進一步的分析，「**結果應該也能相當令人滿意**」。事實上，過去30多年來，葛拉罕運用這套公式的結果相當成功。

不幸的是，這套公式是設計於股價普遍很便宜的時代。1929年股市大崩盤，緊跟著又發生經濟大蕭條，因此在隨後幾十年裡，投資股票被視為是高風險行為。處在這種環境下，大多數投資人自然會壓低股票價值，因為害怕又發生虧損。葛拉罕的公式雖然曾經多年適用，尤其是在股票價格普遍低迷的期間，但就目前的股票市場來說，很少有股票——如果真的有的話——能夠符合葛拉罕原始公式的嚴格條件。

可是，這是沒問題的。葛拉罕多年來成功地運用這套公式，說明了這套尋找價格明顯便宜股票的系統，可以創造出安全而穩定的優異投資報酬。葛拉罕認為，**平均來說**，他會擁有一籃便宜股票。沒錯，某些股票的價格便宜，自然有其道理。某些企業由於經營情況不佳，所以股價便宜。**可是，平均來說，葛拉罕認為，按照他的公式購買股票，價格會便宜——股價之所以便宜，是因為市場先生按照低得不合理的價格浪擲股票**。葛拉罕建議，購買一組這類的便宜股票，投資人可以很安全地賺取高報酬，不用擔心少數不當的買進，也不用針對個別股票做複雜分析。

當然，這讓我們面臨一項明顯的挑戰：是否能夠找到一種新公式，使其在低風險情況下，擊敗股價指數？我們是否能夠找到某種不只適用於今天市場，而且具備充分彈性而能夠運用於未來——不論市場的整體狀況如何？沒錯，各位可能猜到了，我們確實可以辦到。事實上，各位已經知道這套公式了！

我們在前一章學到了兩件事。假設其他條件不變，如果我們能夠選擇買進盈餘殖利率較高或較低的股票（企業盈餘相對於購買股價的報酬率），那就選擇盈餘殖利率較高的股票。另外，假設其他條件不變，如果我們能夠選擇買進資本報酬率較高或較低的股票（商店或工廠盈餘相對於開設成本的報酬率），那就選擇資本報酬率較高的股票。

好了，我們如果決定買進盈餘殖利率很高，而且資本報酬率也很高的股票，各位認為結果將會如何呢？換言之，如果我們決定只買進好企業的股票（資本報酬率很高），而且只買進價格便宜的股票（股價的盈餘殖利率很高），結果會如何？讓我告訴各位其結果會如何：我們會賺大錢！（或者如同葛拉罕所說的，「獲利相當令人滿意！」）

可是，如此簡單而明顯的東西，運用於現實世界裡，難道真能有效嗎？這種現象合理嗎？為了回答這些問題，我們或許應該先回頭審視這種策略——以便宜的價格購買好企業——運用於過去的狀況。審視結果告訴我們：遵循這種符合普通常識的簡單投資策略，實際上的績效很好。

根據資本報酬率高與盈餘殖利率高的準則，挑選大約 30 支股票構成的投資組合，在過去 17 年來，創造的年度投資報酬率大約是 30.8%。如果按照這種報酬率投資 17 年，**起始投資金額 $1.1 萬將成長為 $100 萬**(註4)。當然，對於某些人來說，這並不是什麼特別了不起的投資成就。可是，從另一方面來說，那些人根本就是蠢蛋！

相同 17 年期間內，市場平均年度報酬率約為 12.3%。如果按照這種報酬率投資 17 年，起始投資金額 $1.1 萬**仍然可以大幅成長為** $7.9 萬。$7.9 萬當然是不少錢，**但 $100 萬更多！**另外，我們賺取這 $100 萬**所承擔的風險，甚至顯著少於**投資整體大盤。關於這點，稍後再詳細討論。

現在，讓我們先看看這套神奇公式究竟是如何構成的。透過這個說明程序，我們才能瞭解如此簡單的公式，為何能夠有效運作的理由，以及在很多年之後，為何仍然能夠運作。本章稍後會提出逐步的程序，解釋這套神奇公式實際上如何挑選現今的股票。可是，請記住，實務程序並不重要；大多數工作都是由電腦來執行的。就如同我們在第 1 章曾經強調的，唯有當你深信這套神奇公式的根本邏輯，才能確保這套公式能夠長期有效運作。所以，就讓我們來試著瞭解這套神奇公式，看看它

(註4) 請參考我們這項神奇公式研究的特殊資料庫（Compustat 的 Point in Time 資料庫），包含總計 17 年的資料。這方面資訊每當在我們購買每種股票時，Compustat 的客戶都能得知。按照 30.8% 的年度報酬率投資 17 年，$11,000 將成長 96 倍而成為 $1,056,000（沒有扣除稅金和交易成本）。

是如何以便宜的價格挑選出好企業。

讓我們考慮某個涵蓋3,500家最大型企業的清單，這些股票全都是在美國某主要股票交易所掛牌交易(註5)。然後，根據資本報酬率指派這些股票的排列分數，從1排到3,500。換言之，資本報酬率最高的公司，排列分數將被指派為1；資本報酬率最低的企業（這類企業實際上可能已發生虧損），將被指派為3,500。同理，資本報酬率排名第232者，排列分數將被指派為232。

接著，按照前一段說明的相同程序，根據盈餘殖利率指派這些股票的排列分數。換言之，盈餘殖利率最高的公司，排列分數將被指派為1；盈餘殖利率最低的企業，將被指派為3,500。同理，盈餘殖利率排名第153者，排列分數將被指派為153。

最後，結合這兩種排列分數。請注意，神奇公式所挑選的，並不是資本報酬率排名最高者，也不是盈餘殖利率排名最高者。**這套公式尋找的企業，是這兩種因素綜合考量的最佳者。**舉例來說，某家公司的資本報酬率排列分數是232，盈餘殖利率排列分數是153，則綜合排列分數就是385（＝232+153）。假設某家公司的資本報酬率排名第1，但盈餘殖利率排名第1,150，則綜合排名就是1,151(=1,150+1)(註6)。

(註5)這項測試的細節資料，請參考本書「附錄」（這些股票不包含某些金融股與公用事業）。

(註6)所以，385的綜合排名較佳。

讀者如果不喜歡搞數字，請不用擔心。各位只需要記住，綜合排名最高的企業，也就是這兩項因素**綜合考量**之下的最佳企業。對於這套評估系統來說，資本報酬率排名第 232 的企業，其綜合排名可能勝過資本報酬率排名第 1 的企業。為什麼？對於這家資本報酬率排名第 232 的股票（3,500 家企業裡面，排名第 232，這已經很不錯了），我們可能可以按照很便宜的價格買進，使得其盈餘殖利率相當高（3,500 家企業裡面，股價的盈餘殖利率排名第 153 位）。總之，這套神奇公式會挑選兩種排名同時優異者（即使未必是最頂尖），而不會挑選某種排名最頂尖而另一種排名很差的企業。

很簡單，不是嗎？可是，不可能**這麼**簡單吧！由排名最高的 30 多種股票所構成的投資組合，就能創造如此傑出的績效嗎？好吧，不妨看看我們根據這套神奇公式，在過去 17 年來，實際進行投資的結果（請參考表 6.1）。

喔！不會吧？這結果實在太好而不像是真的！所以，其中**必有**問題。對於這些結果，我們必須詳加審視。可是，這部分檢討留待下一章處理。現在，讓我們做個摘要結論，姑且享受一下這套神奇公式所創造的結果。它們看起來**相當令人滿意。**

表 6.1 神奇公式的投資結果

年份	神奇公式	市場平均（註7）	S&P 500
1988	27.1%	24.8%	16.6%
1989	44.6	18.0	31.7
1990	1.7	(16.1)	(3.1)
1991	70.6	45.6	30.5
1992	32.4	11.4	7.6
1993	17.2	15.9	10.1
1994	22.0	(4.5)	1.3
1995	34.0	29.1	37.6
1996	17.3	14.9	23.0
1997	40.4	16.8	33.4
1998	25.5	(2.0)	28.6
1999	53.0	36.1	21.0
2000	7.9	(16.8)	(9.1)
2001	69.6	11.5	(11.9)
2002	(4.0)	(24.2)	(22.1)
2003	79.9	68.8	28.7
2004	19.3	17.8	10.9
	30.8%	**12.3%**	**12.4%**

(註 7)「市場平均」報酬是由全部 3,500 家股票構成的**相同權數加權**指數。換言之，每支指數成份股對於報酬的影響程度相同。S & P 500 股價指數是由最大型的 500 家股票所構成，屬於**市值加權**指數；換言之，資本市值愈大的股票，其表現對於股價指數的影響愈大。

摘要結論

1. 葛拉罕有套「神奇公式」。他認為，只要符合這套公式的嚴格條件，所購買的股票——平均而言——應該會便宜，也就是市場先生按照非常不合理的偏低價格浪擲的股票。

2. 目前，很少企業能夠符合葛拉罕所提出的嚴格條件。

3. 我們設計另一種新的神奇公式——**以便宜的價格購買好企業。**

4. 這種新公式看起來似乎能夠有效運作。事實上，運作的績效似乎太好了。

5. 在我們投入所有的資金之前，或許應該謹慎檢視其結果。

第7章

19 世紀的報紙專欄作家華德（Artemus Ward）說，「讓我們陷入麻煩的，並不是那些我們不知道的事情，而是那些我們以為知道但其實不然的事情。」我們碰到的問題，癥結不也在此嗎？我們的神奇公式看起來確實有效。事實上，結果實在太優異而幾乎沒有任何可議之處。當然，我們希望它有效。誰不希望輕而易舉地賺大錢呢？可是，這套神奇公式**真的**有效嗎？沒錯，所有的數據看起來都很好，但我們可知道這些數據是打哪兒來的嗎（或誰曾經用過）？更重要的是，我們可知道它將來會變成怎樣呢？就算這套公式過去曾經很有效，但我們從中所學到的，難道不是只學會如何**打好上一次的戰爭**這樣而已嗎？這套公式將來還會持續有效嗎？這些都是好問題。在人們開始質疑前一章所談論的內容之前，我們先來看看是否能夠先找出一些好的答案。

首先，這些數據是打哪兒來的？每當我們回顧過去的成就，並提出一些假設時，心中免不了會出現一些疑問。按照神奇公式的準則，再透過電腦挑選股票，理論上雖然可以創造出優異的投資績效，但如果想要在現實世界複製這些結果，恐怕相當困難吧？舉例來說，如果神奇公式所挑選的企業規模太小，實際上恐怕就沒有多少人可以真的買進足夠多的股票。一般來說，小企業的股票發行股數有限，只要需求一旦顯著增加，價格可能就會走高。若真是如此，這套神奇公式就只能創造出理論上的績效，而在現實世界中卻難以複製。如果要回避這個問題，神奇公式所挑選的企業，其規模就必須夠大才行。

前一章，我們讓神奇公式針對美國某主要交易所的 3,500 家最大型企業做排序。實際上這 3,500 家企業，即使是規模最小者，其資本市值（發行股數乘以股價）也超過 $5,000 萬(註8)。以這等規模的企業來說，一般個人投資者應該都可以輕鬆買進足夠的股票而不至於影響股價才對。

不過，我們也可以來試試看，如果把標準稍微提高一些，結果究竟會怎樣。如果不論企業規模大小，神奇公式都能有效運作，那當然是件好事。因為如此一來，我們就會更有信心，不論企業規模如何，我們只需要以便宜的價格購買好企業即可。但如果我們考慮的不是 3,500 家企業，而是其中規模最大的 2,500 家企業，結果又將會是如何呢？

首先，這麼一來，其中規模最小者的資本市值，就至少都會在 $2 億以上。針對這組規模較大的企業，神奇公式過去 17 年來（截至 2004 年 12 月為止）的運作績效也很好。持有神奇公式挑選的 30 支股票，年度報酬率為 23.7％。相同期間裡，整組股票的年度平均報酬率為 12.4％。換言之，神奇公式的績效大約是全體股票年度平均報酬率的 2 倍。

接下來，規模標準如果再提高呢？假設神奇公式只針對規

(註 8) 細節請參考「附錄」。

模最大的1,000家企業（資本市值都超過$10億）做挑選，這麼一來，即使是共同基金或大型退休基金之類的機構投資人，應該也能無所顧忌地購買到這些股票。我們來看看實際的結果（請參考表7.1）。

表7.1 神奇公式的投資結果（規模最大的1,000家企業）

年份	神奇公式	市場平均（註9）	S&P 500
1988	29.4%	19.6%	16.6%
1989	30.0	27.6	31.7
1990	(6.0)	(7.1)	(3.1)
1991	51.5	34.4	30.5
1992	16.4	10.3	7.6
1993	0.5	14.4	10.1
1994	15.3	0.5	1.3
1995	55.9	31.4	37.6
1996	37.4	16.2	23.0
1997	41.0	19.6	33.4
1998	32.6	9.9	28.6
1999	14.4	35.1	21.0
2000	12.8	(14.5)	(9.1)
2001	38.2	(9.2)	(11.9)
2002	(25.3)	(22.7)	(22.1)
2003	50.5	41.4	28.7
2004	27.6	17.3	10.9
	22.9%	**11.7%**	**12.4%**

（註9）「市場平均」報酬是由全部3,500家股票構成的**相同權數加權**指數。
S & P 500股價指數是由最大型的500家股票構成，屬於**市值加權**指數。

由此可見，即使是最大型的投資人，神奇公式所創造的績效還是可以達到市場平均年度複利報酬率的2倍。這其中必有蹊蹺。看起來實在太簡單了！這其中肯定還有其他問題。不過，我們稍早的質疑——神奇公式只是理論上有效，在現實世界中無法複製——這個問題現在看起來似乎並不存在。

好，我們現在知道神奇公式所挑選的企業，其規模不必太小。可是，神奇公式會不會只是運氣好，剛好挑選到少數表現特別好的股票？若是如此，神奇公式的運氣一旦不再那麼好，情況就很危險了，不是嗎？

很幸運的是，「運氣」非常不可能是影響因素之一。在整個17年研究期間裡，我們始終持有約30支股票所構成的組合，股票每年重新挑選一次(註10)。**每一次**的測試（分別針對3,500家上市股票、2,500家最大型股票與1,000家最大型股票），我們都篩選了超過1,500支股票。如果把三種不同規模股票的測試加總起來，神奇公式所做的篩選甚至超過4,500次。所以，我們沒有理由相信「運氣」是主要的影響因素之一。話雖如此，但想必還有其他問題，對吧？

(註10) 細節請參考「附錄」。

前文假設神奇公式能夠以便宜的價格購買到市場先生所「浪擲」的好股票。可是，情況如果並非如此，那又會如何呢？如果基於某種理由，這些便宜的買進機會突然消失，那會怎麼樣呢？如果市場先生突然清醒，不再以便宜的價格浪擲股票，那我們又該怎麼辦呢？碰到這種情況，我們就麻煩了，對吧？好，就讓我們來做些實驗。

首先讓我們從規模最大的2,500家企業開始，運用神奇公式做排序。換言之，從1到2,500（從最好到最差）做排序。請記住，神奇公式考慮的是資本報酬率與盈餘殖利率的綜合排序。所以，如果某家公司屬於好企業，而且股價又便宜，那麼其排序就會相對接近1，至於公司營運發生虧損，股價又高的企業，其排序就會相對接近2,500。

現在，我們根據排序，把2,500家企業劃分為10組。換言之，第1組是由神奇公式排序最高的250家企業所構成（第1名到第250名），第2組是由神奇公式排序次高的250家企業所構成（第251名到第500名），依此類推，所以第10組就是由神奇公式排序最差的250家企業所構成（第2,251名到第2500名）。

整個17年期間裡，如果每個月都做前述分組，結果會如何呢？關於這些投資組合（各包含250支股票），如果分別計算一年期的投資報酬率，結果會如何？（請參考表7.2）。

表 7.2 年度化報酬率（1988 ~ 2004）	
第 1 組	17.9%
第 2 組	15.6
第 3 組	14.8
第 4 組	14.2
第 5 組	14.1
第 6 組	12.7
第 7 組	11.3
第 8 組	10.1
第 9 組	5.2
第 10 組	2.5

嗯，很有趣。神奇公式不只適用於 30 支股票，甚至還呈現了完美的**秩序**。排序最高的股票組，報酬率績效表現也最好！第 1 組勝過第 2 組，第 2 組勝過第 3 組，第 3 組勝過第 4 組，依此類推，第 9 組勝過第 10 組。排序最高的第 1 組，其年度報酬率勝過第 10 組的幅度高達 15%。真是太神奇了！

事實上，這似乎意味著神奇公式可以預測未來！我們只要知道某組股票的神奇公式排序情況，就能相當清楚該組股票未來的投資報酬平均表現。這同時也意味著我們如果基於某種理由而不能買進神奇公式排序最頂尖的 30 支股票，那也沒什麼大不了。買進排序其次的 30 支股票應該也不錯。甚至再其次的 30 支股票應該也可以！事實上，第 1 組股票的整個表現看起來都很不錯。

前述性質似乎也解決了我們的另一個潛在問題。各位還記得葛拉罕提出的「神奇公式」嗎？買進一組符合葛拉罕神奇公式嚴格條件的股票，是投資賺錢的好方法。不幸的是，在如今的股票市場中，很少有股票——如果真的有的話——能夠符合葛拉罕原始公式的嚴格條件。這也就是說，葛拉罕公式的用途，已經今非昔比了。很幸運的是，我們的神奇公式似乎沒有這方面的問題。我們的公式只是排序公式。根據定義，永遠都有排序第一的股票。不僅如此而已，由於這套公式似乎呈現出完美的秩序，因此我們不必侷限於挑選排序最頂尖的 30 支股票。由於整個第 1 組股票的表現都很好，因此永遠都會有很多表現優異的股票可供挑選。

各位如果習慣幫東西打分數的話，這套神奇公式的得分應該很不錯才對。表 7.2 所呈現出來的秩序，看起來真的相當嚇人。當然，我們可以繼續爭論神奇公式究竟是否**真的**有效，但這場戰爭的贏家已經很明顯了。所以，現在或許應該是停止這場爭論的時機了（免得有人因此受傷），不是嗎？

哦，沒那麼快。沒錯，證據相當具有說服力。可是，這只說明了神奇公式在過去確實有效。我們怎麼知道，神奇公式將來還會不會持續有效呢？尤其是在我這個大嘴巴推波助瀾之下，搞不好大家都會運用這套公式。如此一來，難道不會就此毀了這一切嗎？

讓我們先來做個摘要總結，然後再繼續往下聊吧…

摘要結論

1. 神奇公式適用於大型和小型企業。

2. 神奇公式經過廣泛的測試。優異的報酬績效看起來不像是受到運氣成份的影響。

3. 神奇公式能夠**按照順序**排列股票。因此，永遠有排序高的股票可供挑選。神奇公式是個相當好的指標，能夠精準預測整組股票的未來表現。

4. 下一章就來討論神奇公式將來能否持續有效。（若真是如此的話，那就太好了！）

第8章

我承認我的歷史知識學得有點含糊[註11]。我想，我學生時代上課的時候，應該要更專心聽講才對。可是，美國有段歷史，始終讓我覺得非常困擾。我一直都搞不懂，為何我們能夠在獨立戰爭中獲勝。我們只不過是由 13 個小小的殖民地所構成，對抗的是全世界最強大的帝國。當時英國擁有最棒的海軍，無敵的陸軍，而且還很有錢，而我們這群什麼也不是的雜牌軍，竟然贏得了最後的勝利！怎麼會這樣呢？嗯，我有套理論。由於我的知識相當有限，我不知道我的理論是否已被其他人廣泛研究過。可是，我認為，我們之所以能夠打勝仗，是因為我們的對手根本就是一群傻蛋！

英國的戰略顯然有很多可改進之處。你看看那些英國軍隊，排列整齊地站著，完全沒有遮掩，甚至還穿著醒目的紅色軍裝，充分暴露在砲火之下。至於另一邊，你看看我們那群雜牌軍，全都躲在岩石和樹木後面，好整以暇地射擊那些醒目的紅色目標。難怪我們能夠贏嘛！

可是，這當中還是有一部分我搞不懂。英國軍隊當然不是

(註 11) 不過，我對於一些喜劇的知識就很紮實。

第一次如此作戰。換言之，不論我怎麼想，英國的作戰方法過去一定是有效的。我唯一的問題是——怎麼會這樣呢？根據我的瞭解，英國人已經這麼幹了好幾百年——不論我覺得是否合理——而且成就確實非凡。由此可見，遵循一套過去非常有效的方法，並不能確保將來繼續有效。英國人的慘痛經驗，就是很典型的例子。

那麼，我們的情況又如何呢？我們即將出發，配備著一套看似了不起的計畫。我們擁有神奇公式，過去曾經展現優異績效。我們**期待**這套公式未來將繼續有效。可是，在我們實際運用它來投資賺錢之前，最好還是先停下來想想一個明顯的問題：等到大家都知道之後，這套策略還能繼續有效嗎？如果無法找到合理的解釋，我們恐怕還是會像英國人一樣，成為另一個很容易被攻擊的傻蛋。

首先，這裡有些相當好的消息。各位知道嗎？很多時候，神奇公式是完全沒能發揮作用的。你說是不是很棒呢？事實上，每年平均大約有 5 個月的時間，神奇公式的績效根本就不如整體市場。而且，我們姑且不談月份，神奇公式也經常會在一整年或連續幾年的期間裡，完全不能發揮作用。這豈不是更棒嗎？

想像你買了一本投資聖經，這本書告訴你如何讓電腦挑選出一組必勝的股票。你很興奮地觀察這些股票的每天表現，卻發現有長達好幾個月、甚至好幾年的期間，該組股票的績效顯然都不如整體市場。這時你可能會想，總不能這麼輕易就相信那本愚蠢的投資聖經，於是你捲起袖子，開始實際調查這些股票與所屬企業的展望。結果，你很可能又會發現，如果在購買股票之前事先做過調查，你根本就不可能投資這些股票。最後，在投資績效很差、股票的展望也令人難以接受的情況下，你是否還會堅持遵循投資聖經的指示，繼續接受電腦的建議呢？

話說回來，你為什麼要煩惱這些事呢？神奇公式畢竟是有效的，我們在上一章就已經證明過了！一切都不會有問題的，所以根本就不用擔心會有好幾個月或好幾年的拙劣表現，不是嗎？這樣的說法聽起來雖然頗令人鼓舞，但只觀察 17 年測試期間的統計數據，實在很難令人全然安心。

在前述測試過程裡，神奇公式的績效每 12 個月就會有 5 個月的表現不如整體市場。就整年的績效來說，神奇公式每 4 年就會有 1 年的表現不如整體市場(註12)。而在每 6 個測試期間裡，就有 1 個期間，神奇公式會出現連續 2 年差勁的表現。在神奇公式表現優異的 17 年期間裡，神奇公式甚至曾經連續 3 年表現不如整體市場。

如果某套公式已經連續好幾年表現很差，你是否還能堅持下去？「我知道這套公式已經有很長一段時間不行了，我也知道我已經賠了不少錢，但還是讓我們繼續幹下去吧！」這難道是人們典型的反應？我跟各位保證，絕對不是如此。

(註 12) 這裡的年度報酬率計算是從 1988 年 1 月到 1989 年 1 月，1988 年 2 月到 1989 年 2 月，依此類推，直到 2004 年底，總共有 193 個一年期間。

就拿某位投資暢銷書作者為例來說明好了。作者在他的書中，測試了十多種選股策略，涵蓋數十年期間，然後挑選了長期績效最好的策略。這本書寫得很好，推理也很完備。然後，這位作者也成立了一個共同基金，完全根據前述最佳選股策略進行操作。

這家基金開始營運後，最初三年的其中兩年，基金績效都明顯不如大盤指數。其中甚至有一年，基金表現還比大盤指數低了25％！經過3年之後，該基金的表現顯然落後其他類似基金，於是這位暢銷書作者──也就是做測試與寫書的那個人──決定賣掉他的管理基金。老實說，我並不認為這位作者應該放棄他的公式，但他當時顯然找到了其他更好的機會。話說回來，如果他知道這個基金──也就是完全根據他的公式進行管理的基金──在隨後3年內就會捲土重來而成為最頂尖的基金，這位作者當初或許就能繼續挺下去了。

可是，這其實也沒什麼好奇怪的。市場先生的心情難以預測，其他基金的競爭壓力也很大，該基金要繼續堅持多年來表現不彰的策略，確實是很困難的事。不管策略多麼有道理，也不論其長期績效多麼傲人，只要碰上這種情況，任何策略都得走人。我們再來看看我一位好朋友的經驗，他剛好也是「我所認識的最精明基金經理人」。他並不是根據電腦化公式自動挑選股票，而是採用某種嚴格的選股策略，只投資其公式所選取排序最高的企業股票。

他在他過去服務的投資公司，曾經運用這種策略長達10年，績效表現非常好。然後，就在9年前，他成立了自己的基金管理公司，仍然繼續運用相同的投資策略。最初的3、4年，營運狀況並不好，因為這個過去非常成功的策略，表現突然顯著落後其他類似基金與大盤指數。雖然如此，但這位「我所認識的最精明基金經理人」仍然相信他的策略絕對站得住腳，長期績效也沒問題，所以他認為應該繼續引用相同的策略。不幸的是，他的客戶並不同意他的觀點。結果，絕大部分基金投資人都選擇離開，另外尋找「知道自己在幹什麼的」經理人。

各位或許已經猜到了結果。這些投資人實在應該繼續堅持下去的。在接下來的5、6年裡，市況的發展非常有利於我這位朋友和他的策略，使得該公司自從成立以來的績效（包括最初幾年的落後表現在內）顯著超越大盤的同期報酬。現在，該公司已成為少數最頂尖的基金之一，傲視華爾街數以千計的其他類似業者。所以，人們有時候要耐心等待，才會碰到好事情，我這位朋友現在管理超過$100億的資產，客戶多達數千人。遺憾的是，由於最初幾年的低迷表現，絕大多數客戶都選擇離開，所以基金成立當初的客戶當中，目前只有4個人還繼續留在裡頭（註13）。

（註13）很幸運的是，我就是其中之一！（老實說，由於我是他的朋友，所以我留下來也是不得已的選擇。）

講了一大堆，我的論點究竟是什麼？我的論點就是：神奇公式如果永遠有效，或許每個人都會運用它。但如果每個人都運用它，這套公式就不太可能持續有效。為什麼呢？很多人爭相買進神奇公式所挑選的股票，結果就會造成相關股票的價格立即大幅走高。換言之，如果大家都採用神奇公式，神奇公式所挑選的便宜股票就不再便宜，神奇公式也就毀了！

所以，能夠碰到一套不全然完美的神奇公式，也算是我們的運氣。這種公式並不是永遠有效。事實上，神奇公式有可能連續好幾年失靈。大多數人就是沒辦法等那麼久。他們的**投資期限**太短。一套策略如果要花很長時間（3、4 年，甚至 5 年）才能展現績效，大多數人就是沒辦法挺住。一般來說，只要有一、兩年的低迷表現（落後大盤或同業），大多數人就會另外尋找新策略──通常找的都是過去幾年內表現優異者。

即使是那些深信自己策略長期有效的專業經理人，碰到這種情況時，恐怕也很難繼續堅持。基金績效只要有連續幾年落後大盤或同業，絕大部分客戶和投資人就會選擇離開。這正是為什麼經理人很難引用某種跟大家不同的策略的理由。身為專業經理人，如果大家表現都很好而你的表現差，你就很可能會失掉客戶，甚至丟掉工作！

為了避免落入這種處境，因此很多經理人認為，你必須採用跟其他人大同小異的策略。而這通常也就意味著，你必須投資那些最熱門的企業──也就是那些最近幾季或一、兩年內展望最好的企業。

現在，各位或許已經慢慢瞭解，為何絕大部分人**不會**採用這種神奇公式了。雖然有些人會試試看，但只要碰上幾個月或幾年的低迷績效，絕大多數人都會放棄。另外，各位想必現在也慢慢瞭解，我們為何會在第1章強調，神奇公式如果要有用，你就必須**相信**它。如果你不相信神奇公式有效，那麼很可能在它能夠發揮功能之前，你就選擇放棄了。不過，我們至少還有過去17年的統計數據可做證據。神奇公式確實有效——長期年度報酬率是市場平均報酬的兩倍，有時候甚至是三倍——只是這些好表現的分布狀況並不均勻。如果是以比較短的期間來看，神奇公式有時有效，有時無效。以神奇公式來說，所謂「比較短的期間」，通常指的是好幾年，而不是幾天或幾個月。可是，這確實是好消息——雖然感覺上有點奇怪，但也很合理。

沒錯，這是好消息，前提是你對神奇公式要有足夠的信心，而能夠長期堅持。如果你決心想要堅持某種連續好幾年無效的策略，那一定是因為你打從心裡深信這個策略。當然，神奇公式所具備的優異績效紀錄，對你的信心應該也會有所幫助，接下來我們就來看看，你對下一章內容有什麼想法。

摘要結論

1. 神奇公式的長期績效看起來很好。
2. 神奇公式經常連續幾年無法發揮效力。
3. 大多數投資人不會（或不能）堅持連續幾年表現不彰的策略。
4. 神奇公式如果要在各位身上發揮效用，你就必須對它有信心，而且要抱持長期投資觀點。
5. 如果不是有本章的話，下一章將是本書最重要的一章。

第9章

『VOMIT UNDER THE 3EM-SPACES AND RUN!』

有些詞語現在已經很少聽到了，理由很簡單。隨著時間經過，有些詞語可能因為不再適用於後來的環境，就會被慢慢地淘汰。事實上，只有在特殊情況下（譬如為了要通過8年級的字型排印考試時），我才會需要上述詞語的幫助。

各位知道嗎？老式的印刷工人必須實際靠著手工，從盒子裡挑出字母做字型排印。為了通過這項考試，我和同學們被迫要記住這些字母的位置。位在最底層一列的字母是V-U-T，然後隔著3點空間，緊跟著的字母就是A-R。因此，我們設計了一段字頭語『VOMIT UNDER THE 3EM-SPACES AND RUN!』（在3點空格下面嘔吐，然後快跑！）來幫助我們記憶。

隨著電腦的發明，我們這些記憶工具──還有字型排印──全都已經沒什麼用處了。從我上中學到現在，這個世界的變化真的很大。現在學校裡已經沒有字型排印課程了。不過，感謝老天，有些科目倒是沒變，譬如說，數學課程大致上就沒什麼改變。對於投資人來說，這點很重要。

理由？因為數學的原理不只合乎邏輯，而且還能禁得起時間的考驗。神奇公式也是如此，所以它才能長期持續幫我們賺錢。否則的話，只要出現短期不利發展，我們就很難繼續「堅持」。舉個簡單的例子：**知道**「2 加 2 等於 4」，就是個威力無窮的概念。不論有多少人告訴你實際上不是如此，也不論他們的論述多麼具有說服力，更不論這些人看起來有多精明，我們都不太可能被說服。同樣的道理，我們對神奇公式的信賴程度，也將決定我們一旦碰到長期困境時——連續幾年表現不彰——是否能夠繼續堅持該策略。

所以，有什麼東西可以讓神奇公式看起來完全合乎邏輯，讓我們不會因為短期不利發展而放棄？嗯，我們就來瞧一瞧。

神奇公式是透過排序的系統來挑選企業。企業的資本報酬率高，盈餘殖利率也高，公式所指定的排序才會好。更簡單說，這套公式透過系統性方法，協助我們尋找出能以**平均水準之下價格**買進的**平均水準之上**企業

這聽起來確實合乎邏輯。如果這也是該公式實際上所具備的性質，那麼這套公式就是我們應該相信的策略。所以，且讓我們進行逐步的分析，看看是否真是如此。

首先，企業的資本報酬率很高，究竟有什麼特殊之處？神奇公式要我們買進哪樣的企業？哪些條件會讓這些企業得以處於平均水準之上？為了要瞭解這些問題的答案，請回頭想想我們的好朋友傑森。

各位想必還記得，傑森的事業去年經營得很不錯。他的每個口香糖店面都賺了 $20 萬。由於每家店面的起始投資金額為

$40 萬（包括：存貨、商店展示櫃臺…等），所以每家店面的資本報酬率為 50%（$20 萬除以 $40 萬），相當了不起。這代表什麼意思呢？

對於大多數企業和大多數人來說，要找到資本報酬率每年50%的投資機會並不容易。傑森的資金能夠賺取 50%的報酬，如果這個數字具有代表性的話，表示傑森口香糖專賣店很特別，因此應該可以繼續開設新店。想想看。每年得以賺取 50%的投資機會是很罕見的。當然，傑森的新店面（或老店面）是否能夠繼續賺取起始開設成本的 50%報酬，雖然沒人敢保證，但去年的高報酬顯示，傑森大有機會在相同行業裡再創佳績。

如果傑森口香糖專賣店的新、舊店面都能繼續創造高報酬，這對於傑森來說，實在是個好消息。首先，這意味著傑森事業的獲利能力將繼續成長。傑森口香糖專賣店的盈餘，雖然可以拿去投資政府公債而賺取無風險報酬 6%，但如果把盈餘拿去投資新店面，應該是更好的投資方式。所以，不只原始店面可以繼續每年賺取 50%，既有店面的**獲利**也可以拿來投資新店面，而新店面也可以一年賺取 50%！

公司獲利所具備的這種高報酬投資機會，是非常珍貴的。舉例來說，假設傑森口香糖專賣店去年賺了 $20 萬，這些資金可能有好幾種不同的用途。傑森可以把這些獲利分配給公司股東（股東們則可以自行決定要如何處置這些資金）。如果明年的營運狀況沒多大改變的話，傑森口香糖專賣店還是可以繼續賺取 $20 萬。

可是，傑森如果決定把獲利 $20 萬投資於支付票息 6%的政府公債（按照稅率 40%計算，稅後報酬率為 3.6%），明年就可以賺到 $207,200（商店獲利 $20 萬，加上債券稅後收益 $7,200）。明年的盈餘雖然高於前一年，但盈餘成長率並不特別高。

除此之外，還有一種滾大錢的方法。傑森如果決定把獲利 $20 萬投資於新店面，並賺取每年 50%的報酬（註14），那麼傑森口香糖專賣店明年的盈餘就會成長為 $30 萬（既有店面賺取 $20 萬，新店面額外投資賺取 $10 萬）。盈餘從 $20 萬變成 $30 萬，代表盈餘成長率每年 50%！

換言之，**一家企業的獲利，如果享有高報酬投資機會，則可以創造出顯著的盈餘成長！**

所以我們知道，資本報酬率高的企業，享有兩種特殊優勢。第一，資本報酬率高的企業，其獲利也將享有高報酬投資機會。由於一般人與一般事業的投資，都只能享有平均水準的報酬，所以高報酬投資機會是很特殊的。第二，如同前幾段所說明的，高資本報酬率也可以創造出高盈餘殖利率。對於神奇公式所挑選的企業來說，這當然是個大好消息。

(註14) 新店面開設成本雖然是＄40 萬，但此處假設可以投資半個店面。

可是，此處仍然有個問題有待解決。如果傑森可以開設新店而每年賺取50%報酬，為何別人不也跟著開設新的口香糖商店呢？

這麼一來，就表示傑森口香糖專賣店將面臨更劇烈的競爭。競爭一旦轉為劇烈，傑森每個店面的口香糖銷售量就會減少。競爭壓力有可能會迫使傑森降低口香糖售價，藉以招攬客戶。競爭劇烈也有可能意味著某人開設了更時髦的口香糖店面。總之，競爭劇烈就代表傑森口香糖專賣店的獲利將會減少。

事實上，這就是我們**資本主義**系統的運作方式。賺錢行業自然就會吸引競爭。可是，競爭轉趨劇烈之後，傑森開設新店面賺取的資本報酬率即使下降為40%，威脅也不會就此結束。只要開設新店面，就能賺取40%獲利，這仍然是很好的投資機會，因此人們仍然會被吸引而決定開設新的口香糖商店。由於競爭壓力的緣故，口香糖新店面的資本報酬率可能就會因而下降為30%。

即便如此，競爭也未必會停止！每年賺取30%的投資機會仍然很不錯。競爭力量會繼續壓縮新、舊店面未來的資本報酬率。資本主義這個玩意兒，會不斷驅使獲利持續下降，直到開設口香糖店的年度資本報酬不再吸引人為止。這真是個了不起的系統！

但此處還是有個問題。資本主義既然如此難纏，那麼神奇公式當初為何能夠找到某家能賺取高資本報酬的企業？企業得以享有高資本報酬，就算只有一年，但該企業想必有其獨到之處。否則的話，競爭力量很快就會把資本報酬壓到偏低的水準。

這家企業可能持有相對新穎的經營概念（專門販售口香糖的糖果店）、新產品（譬如：熱門遊戲）、較佳產品（譬如：體積較小、功能更強的 iPod）、好的品牌（人們寧可購買可口可樂而不是其他不知名汽水，所以可口可樂可以賣更高價錢，即使面臨競爭，仍然得以享有高資本報酬）、強勁的競爭地位（eBay 是第一個拍賣網站，會員人數最多，所以新的拍賣網站很難與其競爭）。

總之，**享有高資本報酬的企業，通常都具備某種特殊優勢。這類特殊優勢能夠緩和競爭壓力，維繫其平均水準之上的獲利能力。**

不具備特殊條件的企業（換言之，沒有新產品、較佳產品、著名品牌、強勁競爭地位的企業），大概也就只能賺取平均水準或以下的資本報酬。一家企業經營的事業如果沒有任何特殊之處，其他人就很容易與其競爭。一家享有高資本報酬的企業，如果別人很容易與其競爭，競爭對手遲早會出現！競爭壓力將持續存在，直到資本報酬下降到平均水準為止。

可是，神奇公式並不會挑選那些僅賺取平均資本報酬的企業，也不會挑選資本報酬低於平均水準的企業（類似如 JB 商店的企業，任何年份都不太可能賺取高資本報酬！）

所以，**剔除了資本報酬一般或不佳的企業之後，神奇公式鎖定的就是一群賺取高資本報酬的企業。**

當然，神奇公式所挑選的某些企業，或許並不能持續維持高資本報酬。正如同我們所瞭解的，高資本報酬的行業總會吸引競爭。另外，即使是一般的企業，也有可能偶創佳績，突然有一、兩年呈現高資本報酬。

可是，**平均而言**，神奇公式所挑選的高資本報酬企業，它們的獲利再投資，通常都享有更好的高報酬機會，因此這些企業也更有可能創造出高盈餘殖利率。另外，這些企業也比較可能具備特殊的競爭條件，使它們得以繼續保有平均水準以上的資本報酬率。**換言之，一般來說，神奇公式可以幫我們找到好企業。**

那麼，面對這群好企業，神奇公式會做些什麼呢？

神奇公式會嘗試以便宜的價格買進！

神奇公式只會挑選出那些賺取高盈餘報酬的好企業。高盈餘報酬意味著神奇公式所挑選的企業，其盈餘相對於股票價格的比率很高。

嗯…**按照平均水準之下的價格，買進平均水準之上的企業**，這聽起來好像言之成理，應該沒問題才對！

可是，各位真的打從心裡這麼認為嗎？

摘要結論

1. 大多數人與企業都找不到高報酬投資機會。因此，享有高資本報酬的企業，是很特殊的。

2. 享有高資本報酬的企業，其獲利更有機會享有高報酬投資機會。這種機會很珍貴，有可能帶動企業的盈餘成長。

3. 享有高資本報酬的企業，通常更有可能具備特殊條件。這類特殊條件能夠確保競爭者不至於破壞其賺取平均水準之上獲利的能力。

4. 排除資本報酬一般或不佳的企業之後，神奇公式鎖定的就是一群賺取高資本報酬的企業。然後，神奇公式會嘗試以平均水準之下的價格，購買平均水準之上的企業。

5. 由於神奇公式非常有道理，所以不論時機好壞，我們都可以持續堅持相關策略。

還有，最後一點：

6. 如果你非要在 3 點空格下面嘔吐，別忘了要趕快**跑**！

第10章

我喜歡駕駛帆船。但是，我駕駛帆船的技術不太高明。

關於這點，我自己很清楚，因為不只老婆和小孩都害怕和我一起出海，而且我還有過慘痛的經驗。有一次，因為錯估了方向和水流速度，我差點被一艘貨船（足足有三個足球場的長度）撞到，距離只差20呎而已。當時的情況我記得相當清楚，因為我老婆就坐在船上（她痛恨坐船），而我正忙著拉扯船身外那個5馬力引擎的啟動繩（當你真需要的時候，它總是沒辦法順利啟動），而那艘龐然大物不斷鳴笛，要我閃開。

正常情況下，動力船必須禮讓帆船，因為後者享有優先行駛權，但那艘重達90億磅的大船，顯然動作不夠靈活，很難改變方向，所以優先行駛權也就反過來了（各位將來如果碰到類似情況，千萬要記得這點）。所以，我只能不斷重複拉扯引擎啟動繩，然後還要裝作一副完全掌控狀況的架勢（免得老婆大叫「我痛恨這條愚蠢的船！」），還好最後靠著一陣及時的陣風，才協助我順利脫困。

我之所以敍述這段故事，並不完全是因為我喜歡駕駛帆船而已。實際上我也喜歡有人作伴（不過最好是些勇敢的人，或者是瞎子也行）。我之所以告訴各位這些經過，是因為即使我不算是個好水手，但我還是熱愛駕駛帆船。很多人對於股票投資，也有類似的感覺。這些人並不特別擅長投資股票，甚至不曉得自己是否擅長，但從事這方面的行為就是讓他們樂在其中，而且他們似乎頗能享受箇中的經驗。

如果請這些人使用神奇公式的話，或許會剝奪掉某些人的投資樂趣。我能夠體會這種感覺。另外還有一些人，他們很擅長挑選個股——但不是使用神奇公式。這也沒問題。下一章，我準備談論一些觀點，或許有助於這兩類人，如果他們想自行挑選股票的話。另外，下一章也會告訴這些人，有關神奇公式背後的**原理**，這方面內容或許也有助於指引個人擬定投資決策。可是，在考慮是否運用神奇公式進行投資之前，還有幾件事情是各位應該要知道的。

首先，神奇公式的歷史績效紀錄，其實比前文所呈現過的內容還要優異。我之所以沒有更早透露這個好消息，自然有我的道理。優異的績效紀錄，並不是各位應該遵循神奇公式的動機。因為優異的績效紀錄，並不足以確保未來的優異績效。優異的績效紀錄，也不能協助你在將來遭遇不利市況時，繼續堅持神奇公式。事實上，優異的績效紀錄只能提供一項助益，那就是它只能幫助你瞭解績效紀錄**為何**如此優異的理由。現在，當各位瞭解狀況——簡單說，**神奇公式完全合乎常理**——之後，我相信各位已經不至於會因為有更多的好消息而迷失方向了。

各位應該還記得，神奇公式曾經針對最近17年期間做過測試。根據神奇公式挑選出大約30支股票後，如此所構成的投資組合將繼續持有1年期間。然後，我們衡量193個獨立1年期間的投資績效(註15)。神奇公式所挑選的股票投資組合，表現通常優於市場平均，但有些1年期、2年期、或甚至3年期的績效表現卻並非如此。因此，這也就產生了風險，因為在神奇公式發揮其神奇功能之前，投資人很可能就先選擇放棄了。

前文曾經談到，對於1年期投資，神奇公式所挑選的股票組合，每4年就有一次的表現，不如市場平均的情況。至於2年期投資（起始於17年期間的任何月份），神奇公式表現不如市場平均的情況，每6年就會發生一次。記住，實際情況雖然未必像聽起來那麼糟，但經過2年之後得到績效不彰的結果，畢竟是很難接受的！可是，讓我們聽聽好消息。以3年期的投資來說，神奇公式有**95%的機會**可以擊敗市場平均（169個3年期的投資中，有160個可以擊敗市場）(註16)。

可是，這還不是事情的全貌！如果完全根據神奇公式進行3年期投資，你**絕對不會**發生任何虧損。在整個17年測試期間

(註15) 一年的績效衡量期間，是從1988年1月到1989年1月、從1988年2月到1989年2月、從1988年3月到1989年3月，依此類推，直到2004年12月31日為止。這通常可稱為193個**滾動**（rolling）一年期。至於滾動3年期，則是從1988年1月到1991年1月、1988年2月到1991年2月，依此類推。

(註16) 相較於1年期，3年期的個數比較少，這是因為最後一個3年期，是起自2002年1月，結束於2004年12月31日。最後一個1年期，則是起自2004年1月。

裡，只要嚴格遵循神奇公式的指示，進行為期 3 年的投資，你就百分之百賺錢（所有 169 個 3 年期投資，有 169 個全都賺錢）[註 17]。在全部 169 個 3 年投資期間，神奇公式所提供的最低報酬率是**獲利 11%**。至於同期的市場平均最低報酬率，則是**虧損 46%**。差異相當明顯！

可是，這也還不是事情的全貌。各位以上看到的所有數據，都是來自最大型的 1,000 支股票（資本市值超過 $10 億的股票）。如果考慮最大型的 3,500 支股票（資本市值超過 $5,000 萬者）——也就是一般投資人可以購買的股票——情況就更好了。不但每個 3 年期的投資全都是獲利（169 分之 169），而且每個 3 年期投資也全都擊敗了市場平均（169 分之 169）。沒錯，正是如此。**不論哪個測試期間，神奇公式都擊敗市場平均**。所以，神奇公式想必有其成功的道理和依據[註 18]。

可是，對於如此傑出的績效表現，難道我們可以期待相關投資不需承擔顯著的風險嗎？這個問題的答案，基本上取決於我們如何看待風險[註 19]。最近五十多年來，金融投資領域的專家學者們，雖然針對各種不同投資策略，提出許多有趣的風險

（註 17）換言之，在整個 17 年測試期間裡，神奇公式的表現即使不一定都能擊敗市場，但畢竟都**還是**賺錢的。

（註 18）就最大型的 3,500 家企業來說，神奇公式提供的 3 年期投資報酬最低為**獲利 35%**。同期的市場平均報酬最低則為**虧損 45%**。

（註 19）可是，就目前情況來說，神奇公式的表現實在太好了，所以不論如何看待風險，結果都不會有太大差別。

衡量或比較方法，但這些風險衡量都應該跟各位沒有太大的關係，也沒有很大的意義。各位的投資期限如果屬於長期，情況就更是如此了。當我們考慮風險時，實在沒必要把問題弄得太複雜，關於任何投資策略，你只需要知道兩個要點：

1. **嚴格遵循相關策略，長期而言發生虧損的風險有多高？**
2. **長期而言，相關策略表現不如其他替代策略的風險有多高？**

在這種**風險**定義之下，神奇公式的表現如何呢？由於我們很容易設計一套投資策略，使其表現**等同於**市場平均報酬[註20]（雖然如此，但很多專業投資人的表現仍然不如市場平均），所以我們起碼可以針對這兩種簡單的策略，做出合理的比較。就讓我們來瞧瞧吧。

在我們的測試期間裡，即使運用相對短暫的 3 年期時間架構，神奇公式的表現確實優異。神奇公式策略的報酬，遠遠優於市場平均報酬。神奇公式策略**從來沒有**發生虧損[註21]。對於每個 3 年測試期間，神奇公式策略幾乎都**擊敗**市場平均。總之，相較於市場平均，神奇公式策略不只**績效較佳**，承擔的**風險也較低**。

（註 20）譬如：**指數型基金**或**交易所掛牌基金**（ETF）。

（註 21）在所有 3 年期投資期間裡，市場平均有 12%的機會發生虧損。神奇公式雖然在測試期間創下完全（100%）的獲利紀錄，**但我們幾乎可以確定的是，神奇公式運用於未來，難免會發生虧損**。

在我們的測試期間裡，如果嚴格遵循神奇公式策略，縱使只有3年，績效還是非常優異。不過，未來的情況未必始終如此。縱使是最優異的投資策略，也要有足夠的時間才能發揮或展現其特質。一套真正站得住腳的投資策略，投資期限愈長，成功機會也愈高。投資期限最好是5年、10年，甚至20年。

雖然不容易辦到，但你的股票市場投資如果能夠保持3年到5年的投資期限，你就能享有絕大多數投資人都沒有的優勢。這也是有效比較各種投資替代策略之績效與風險的最低投資期限。

現在，各位已經更深入瞭解神奇公式真正具備的績效能力與低風險性質，但在我們前進到下一章之前，有個問題尚待解決。這個問題跟我們的老朋友「市場先生」有關，而保持適當的投資期限也將在此扮演關鍵角色。

各位可能還記得本書第4章所談論的內容，那裡提到神奇公式之所以能夠發揮優勢，創造便宜的投資機會，完全要歸功於市場先生持續變動的情緒狀態。可是，這種不穩定的情緒也會造成問題。市場先生的情緒既然如此難以捉摸，我們又如何能夠確定他對於我們所購買的便宜股票，最終一定會支付公平合理的價格呢？市場先生如果不願支付公平合理的價格，便宜價格就會永遠保持便宜（甚至可能變得更便宜！），不是嗎？

關於市場先生，還有一些事是我們**必須要**知道的：

- 短期之內，市場先生會呈現極端不穩定的情緒，他可能會**以很高或很低的價格買賣股票**。
- 長期而言，情況則截然不同：**市場先生絕對是正確的**。

沒錯，長期而言，瘋狂的市場先生就會變成極端理性的傢伙。這可能需要幾個星期或幾個月的時間，偶爾可能要幾年，但市場先生終究還是會支付**公平合理的**價格。事實上，每年學校開課時，我甚至會向我的 MBA 課程學員們保證，只要他們好好評估企業價值，市場先生最終一定會同意他們。我告訴課堂上的學員們，時間有時候可能會花費久一點，但他們的分析只要是正確的，頂多等待 2、3 年時間，市場先生一定會用公平合理的價格回報他們的便宜投資。

為何會如此呢？市場先生難道不是個情緒化的難纏傢伙嗎？嗯，市場先生在短期內雖然無法控制情緒，但就長期而言，現實還是會取代一切。股票價格如果在短期之內因為市場先生的情緒化反應而被打到極端不合理的價位（這種情況確實有可能發生，譬如說，當公司出現重大利空消息時），就會出現幾種可能的發展。

第一，市場上有很多精明的人。市場先生所提供的價格如果真的便宜，總有一些精明的人最終會察覺這類便宜的投資機會，於是開始買進股票，逐漸把股價推升到接近公平合理的價位。當然，整個程序未必會瞬間或馬上完成。在某些情況下，由於企業前景充滿不確定狀況，可能會暫時讓潛在買家縮手。有些時候，情緒影響甚至可能持續好幾年。可是，問題或情緒反應終究會解決。解決方案有可能是正面的或負面的，但這無關緊要。如果公司未來2、3年的盈餘狀況不確定，那就等待足夠長的時間，答案終究會揭曉（即使要花費2、3年時間）。實際狀況一旦揭曉，如果股價仍然便宜，精明投資人就會買進股票。

第二，即使這些所謂的「精明人」沒有察覺便宜的投資機會，沒有買進，股票仍然有可能會透過其他管道而接近公平合理的價位。企業經常會買回自家的股票。一家公司如果認為自家股票價值被低估，公司管理階層就可以決定運用企業資金買回自家的股票(註22)。所以，公司買回自家股票的行為，有助於推升股價，如此或許就會消除掉某種程度的便宜投資機會。

就算這樣還不行，也還是有其他力量會驅使股價移向公平合理的價格。記住，每單位股票都代表實體企業的權益。如果有人買進一家企業所有的在外流通股票，就可以實際擁有該企業。便宜的機會如果持續存在很長一段期間，另一家企業或大

(註22) 這有可能會導致公司現金減少，但企業在外流通股票的數量也會減少。公司股權如果集中在更少數股東手中，這些股東每人所佔有的權益就會提高。

型投資機構可能就會決定買進其所有在外流通股票，購併整個事業。有時候，只要這類的潛在買家出現，就有可能推升股價移向公平合理的價格。

總之，經過一段時間的醞釀之後，所有這些因素——精明投資人尋找便宜投資機會，企業買回自家股票，購併整個事業等等——透過彼此互動，自然就會把股價推移到公平合理的價格。這種過程有時候運作得很快，有時候則可能要花費好幾年工夫。

短期之內，市場先生雖然有可能基於情緒反應而決定股票價格，但長期而言，企業價值終將成為市場先生決定股價的最重要考量因素。

這意味著你如果按照你認為便宜的價格買進股票，而且你的判斷正確，市場先生終究會同意而願意以公平合理的價格買進這些股票。換言之，便宜買進的行為，終究會得到回報。這整個過程雖然未必一蹴可幾，但 2、3 年通常就足以讓市場先生把事情搞定。

好了，現在已經把所有好消息都講出來了，最後讓我們看看能否平安航行到下一章，而不至於撞到什麼奇怪的東西。

1. 神奇公式確實有效，績效甚至超過我們之前所呈現的。

2. 相較於市場平均，神奇公式可以創造出更優異的績效，而且所承擔的風險更低。

3. 短期之內，市場先生雖然有可能基於情緒反應而決定股價，但長期而言，市場先生是根據**價值**來決定股票的價格。

4. 你如果不會在 3 點空格下面嘔吐，那就不妨跟著我一起出航吧。

第11章

好吧！神奇公式與你無關。高報酬、低風險、單純性、邏輯，這些東西對你來說全都沒有意義。無論如何你就是希望（其實是**需要**）自己挑選股票！已經沒有任何東西（尤其是愚蠢的公式）可以阻擋你了。你已經站上高台跳板，任誰也勸阻不了你。不用擔心，我懂的，完全沒問題。可是，容我借用過去所寫的一段話，送給你參考一下：

挑選個別股票而不知道自己究竟想要幹嘛，就像拿著一包火柴通過炸藥工廠。雖然你有可能倖存，但依然是個白痴。

所以，如何才**能夠**明智地挑選股票？你**應該**尋找什麼？就算你已經決定不遵循神奇公式，但你是否**還是可以**藉由神奇公式來保護自己，免得被炸到九霄雲外？嗯，很高興你提出這個問題。就讓我們來瞧瞧吧。

我們已經知道，神奇公式所挑選的股票，將同時符合兩個條件：高盈餘殖利率，高資本報酬率。就盈餘殖利率來說，該公式會根據**我們**購買股票的價格，尋找那些盈餘相對最高的企業。就資本報酬率來說，該公式會根據**企業**購買生財器具的成本，尋找那些獲利相對最高的企業。計算這兩項比率時，神奇公式不考慮未來盈餘。未來事件太難估計，因此神奇公式使用的是**去年的**盈餘數據。

有趣的是，這看起來好像是做了最不該做的事情。我們之所以投資一家企業，是希望該企業將來幫我們賺錢，而不是關心該企業過去曾經賺了多少錢。某家公司去年如果每股賺 $2，但今年只賺 $1，明年甚至賺得更少，那麼運用去年的盈餘計算盈餘殖利率和資本報酬率，顯然就會造成誤導。可是，神奇公式就是這麼幹的！

事實上，神奇公式所挑選出來的企業，近期營運展望經常都不太好。很多情況下，明年或後年的營運展望看起來實在令人不樂觀。可是，這也正是神奇公式能夠找到股價**看起來**便宜之企業的原因。神奇公式採用的是**去年的**盈餘數據。如果採用的是今年或明年的估計盈餘，神奇公式所挑選的很多企業，股價看起來恐怕就不便宜了！

所以，我們究竟應該怎麼做比較好呢？理想的情況下，最好不要盲目地在公式內輸入**去年的**盈餘數據，而是應該輸入**常態**年份的盈餘估計值(註 23)。當然，去年盈餘也可能具有代表性，因此也可以屬於常態年份，但去年也有可能不具代表性，其中所涉及的理由可能有好幾點。譬如，有可能因為發生了平常並不存在的特別有利條件，使得企業盈餘特別理想。另一方面，企業營運也有可能發生暫時性的問題，而使得盈餘可能低於常態年份。

(註 23) 常態年份是指企業內部、所屬產業與整體經濟沒有發生特殊或不尋常事件的年份。

我們的公式如果輸入**明年**的估計盈餘，也會發生相同的問題。明年未必具有代表性，未必屬於常態年份。所以，解決辦法或許是觀察更長期的盈餘估計值，譬如也許是距離現在3、4年的常態營運環境。如此一來，可能影響去年盈餘、或影響明年和後年盈餘的短期事件，大體上就會被我們的思考程序排除在外。

如果能處在這種理想環境下，我們就能根據常態盈餘估計值，計算盈餘殖利率與資本報酬率。根據神奇公式的原理，我們可以藉由常態盈餘的概念，尋找高盈餘殖利率與高資本報酬率的企業。當然，我們也必須評估這些估計值的信賴水準，並判斷這些盈餘將來是否會成長(註24)。然後，我們可以將常態盈餘的盈餘殖利率，拿來與政府公債的6%無風險報酬率或其他替代投資做個比較。

聽起來是不是很難？沒錯，確實有點難。可是，這畢竟也不是不可能的任務。很多人的工作，就是專門從事這方面的分析。事實上，我和我的伙伴就是藉由這種方式，再運用神奇公式的根本原理，來協助我們擬定自身的投資決策。可是，**各位如果無法**執行這類型的分析，那麼（接下來要說的，也就是本章的主要論點）：

(註24) 還有企業是否有誠實的管理團隊，他們會擬定明智的獲利再投資計畫。

自行投資股票是跟你無關的活動！

沒錯。趁早打消這個念頭吧！

可是，且慢。神奇公式不是幹得挺好的嗎？而且它只採用去年的盈餘數據。神奇公式沒有做任何估計，甚至不用思考。為什麼神奇公式就可以挑選股票，而你卻告訴我們大多數人，趁早打消自行挑選股票的念頭？

嗯，請注意，神奇公式並沒有挑選個別股票，它是同時**挑選了**很多的股票。神奇公式試圖建構的是整個股票投資組合；在這樣的情況下，該公式所使用的去年盈餘，經常都能夠用來代表未來盈餘。可是，對於個別股票來說，情況很可能就不是如此了。我們只能說，一般而言，去年的盈餘通常是未來常態盈餘的理想估計值。

這也就是為什麼當你使用神奇公式時，我們必須同時擁有20～30支股票的理由。對於神奇公式來說，我們**想要的**是平均值（換言之，神奇公式所挑選股票投資組合的平均報酬）。由於神奇公式創造的平均績效將呈現非凡的投資報酬──但願一直都是如此──所以持有神奇公式所挑選的很多不同股票，可以協助我們確保實際結果相當接近該平均值。

現在，我相信我已經說服了99％的讀者，最好還是採用神奇公式。可是，對於少數想要發展一套致勝策略、自行挑選個別股票的讀者，有些事情或許是各位應該考慮的。即使是專業分析師或基金經理人，通常都很難正確預測個別企業的盈餘。對於這些專業人士來說，同時正確預測20、30家企業的盈餘，那就更困難了。所以，對於各位來說，這些工作顯然不會突然就變得很簡單才對。

所以，我的建議如下。面對著我所提出的警告，各位如果仍然決定要自行購買個別股票，那麼就請試著儘量不要做太多的預測，最好連想都不要想。你的股票投資請侷限於少數可以便宜的價格購買到的「好」企業。至於少數有能力估計未來數年之常態盈餘與企業價值的投資人，以便宜的價格買進少數幾支股票，應該是最好的投資方式。就一般準則來說，你如果真的擅長做研究，非常瞭解你所投資企業的經營狀況，那麼持有不同產業的5～8支股票，應該可以相當安全地構成整體投資組合的至少80%內容（註25）。

可是，你如果不是評估企業價值和做預測的專家呢？在這樣的情況下，你是否可以找到某種明智的辦法來玩選股遊戲呢？好吧，沒事在炸藥工廠裡閒逛，雖然算不上是什麼值得幹的精明事情，但那又怎樣？有些人就是寧可被炸到九霄雲外。好，沒問題，我們還是可以找到某種折衷策略，而且還頗有道理。只不過，你仍然需要這套神奇公式—這是躲不掉的（至少就本書而言是如此）。

(註25) 如果不確定這種說法是否有道理，請參考本章最後的方塊文字說明。

你既不要盲目挑選看起來順眼的股票，也不想盲目接受神奇公式的提議，不過，是否可以考慮將此兩者結合起來呢？首先利用神奇公式挑選一組最頂級的股票，然後再藉由你想用的任何方法做進一步篩選。可是，你的進一步篩選，只能運用於神奇公式所挑選出來的最頂級 50 ～ 100 支股票(註26)。藉由這種方法，你仍然應該建構一個包含 10 ～ 30 支股票的投資組合（如果你懂得如何評估企業價值，就可以考慮區間下限的10支股票；但如果你是根據生肖選股，就應該考慮區間上限的30支股票）。這種策略應該是行得通的。

(註26) 不用擔心，我們稍後就會學習到如何編製等級股票的清單。

現在，讓我們做個摘要總結：

摘要結論

1. 對於大多數人來說，自行投資股票是跟你無關的活動！

2. 請重複閱讀第 1 個要點。

3. 如果你非要自行挑選股票…而且你**有能力**預測未來數年的常態盈餘，那麼就請運用這些估計值，計算出盈餘殖利率和資本報酬率。然後，再運用神奇公式的原理，藉由常態盈餘估計值，以便宜的價格購買好企業。

4. 如果你真的瞭解所持有企業的營運狀況，而且對於自己估計的常態盈餘很有信心，那麼就可以持有不同產業的 5 ～ 8 支股票，這樣也許可以是安全而有效的投資策略。

5. 對於大多數人來說，自行投資股票是跟你無關的活動！（這點是不是已經說過了？）

投資組合只擁有5～8支股票，怎麼可能會是安全的策略呢？不妨這麼想[(註27)]。你是位成功的生意人，剛賣掉所有的事業，目前擁有$100萬的資金。關於這些資金，你想在本地的其他事業中，找些適當的投資對象，希望能夠賺取安全的長期收益。這些事業當中，你大約瞭解其中30家。你打算按照合理的價格，投資那些最具未來發展潛能、而且你又瞭解的事業。

對於那些你覺得最有信心做預測的企業，你分別估計它們未來幾年的常態盈餘。你也試著尋找你認為應該會長期營運的事業，還有那些有能力讓盈餘持續成長的企業。然後，根據個別企業的估計值，你分別計算它們的盈餘殖利率與資本報酬率。你的目的當然是尋找到某些能夠以便宜價格購買的好企業。根據你的分析，你挑選了5家最好的事業，每家投資$20萬。

這…聽起來像是危險的行為嗎？你如果不知道如何閱讀財務報表，或不懂得如何評估個別企業，只投資5家企業確實危險。可是，假設你具備分析能力，那麼投資5家企業是否就足夠了呢？我想，對於大多數人，尤其是對於那些把股

(註27) 借用某位世界上最偉大投資人的比喻。

票投資視為長期擁有實體事業的人來說，他們應該都會認為把 $100 萬資金，以便宜的價格分散投資於 5 ～ 8 家不同產業的好企業，屬於謹慎的投資行為。

至少，這就是我對於**自身**投資組合的看法。我對於所挑選的股票愈有信心，投資組合所需要持有的股票數量就愈少。不過，大多數投資人對於股票的看法與投資組合的建構，顯然各有不同的見解。

基於某種緣故，股票一旦圍繞著市場先生的心情而變動，很多個人投資者和專業投資人就會開始以各種奇怪的角度來衡量風險。整個程序如果涉及短期思考和複雜的統計衡量，那麼在投資組合中擁有很多股票，有時候還是比你用合理價格購買 5 ～ 8 家未來可期的好企業，來得安全一些。不過，對於少數有能力、有知識、有時間預測常態盈餘和評估個別股票的人而言，「少」反而是「多」──多出了獲利，多出了安全…也多出了趣味！

第 12 章

關於牙仙子，我有些話要說。基於種種緣故，我從來沒有跟我的小孩們坦白談過這個故事究竟是怎麼回事。或許是因為我希望他們可以儘可能留在孩童時代，也可能只是因為想珍惜他們在這個階段所展現的天真無邪。可是，不論是基於什麼理由，每當他們質問我有關枕頭下應該有的銅板跑到哪裡了，我都會變得像顆石頭一樣，不知道該如何回答。

不過，我有幾次差一點就被迫說出實情。有一天，我們家上小學一年級的小鬼從學校帶回來一些新消息（他們在校園裡可能學到的東西，想起來就讓人害怕），我想整個故事終於要告一段落了。似乎有個小朋友──完全不尊重我多年來的守口如瓶──洩漏了秘密。正當我想盡辦法掩飾失望的表情時，我們家的小小福爾摩斯宣稱，「我知道誰是牙仙子了！」我的心臟差點跳出來，「她是比利的媽！」

經過我努力解釋，比利的媽如果要跑遍全世界到處蒐集牙齒，發放銅板，將是多麼荒謬、不合邏輯的財務夢魘，最後總算及時糾正了這個錯誤資訊。很幸運的是，或許是因為欠缺調查本能，也可能是因為多年來已經知道如何討我歡心，這總算是我們家小鬼最接近破案的事件。

可是，我並不在意洩漏秘密。在我們家，小孩們想要相信什麼故事，我都沒意見，隨他們高興。可是，談到股票市場，我只想要讓他們知道一個故事版本。雖然有些粗魯而不公平，但人總是要長大的。現在，想必也是各位應該知道這個故事的時候了。所以，談到華爾街，

這裡沒有牙仙子！（註 28）

沒錯。華爾街的鈔票絕不會神奇地出現在你的枕頭下。這裡沒有人會特別照顧你，你也找不到任何人可以幫忙。一旦離開溫暖、舒適的家，**你就得全部靠自己了**。

如果想知道為何必然如此，就讓我們也來趟漫遊華爾街吧。可是，出發之前，我要先提出一些假設。第一點，你有一些錢想做長期投資。（此處所謂的「長期」，是說你至少在 3 到 5 年之內，日常開支都不必動用到這些錢（註 29）。）第二點，你的投資希望儘可能取得最高報酬，不過你並不願意承擔不合理的風險。最後一點，據說股票市場提供的長期報酬最好（這點大體上沒錯），所以你決定把大部分資金投資於股票市場。好了，大概就是這樣。接下來，要從哪裡開始呢？

（註 28）就技術上來說，由於這是雙重否定句（There ain't no tooth fairy!），所以我仍然沒有承認什麼！

（註 29）短期之內，市場先生的心情難以捉摸，所以最近幾年內需要使用的資金，最好存放在銀行。否則的話，你可能會在最不恰當的時機，被迫賣出股票給市場先生（譬如說，當你需要錢的時候，市場先生心情不好，所願意支付的股價很低）。

最典型的靠站之一，是我們那位友善的鄰居——**股票經紀人**。他是投資專業人，工作是幫助你做投資。股票經紀人會幫助你挑選個別股票、債券、基金與各種其他投資工具。你的錢如果夠多，他還願意跟你講電話，試著瞭解你的需求，提供建議。

可是，請注意，如果你的經紀人跟其他大多數經紀人一樣，他恐怕根本不知道該如何幫助你！大多數經紀人都是為了賺取佣金而**販售**產品；所以，他會想辦法把股票、債券或其他投資產品推銷給你。幫助你並不能讓他們賺錢。當然，經紀人基於自己的利益考量，他也希望你投資成功，而且很多經紀人也確實很好，甚至具備專業服務熱忱，但他的工作仍然是**推銷**東西給你。他們所接受的訓練，就是遵循規定，熟悉金融術語，解釋各種金融產品。至於如何讓他們協助你在股票市場或任何地方賺錢，我想你就趁早打消這種念頭吧！

你也可以乾脆投資**共同基金**。對於某些小額投資人來說，這是最佳方案之一。共同基金是由專業經理人管理的投資組合。經理人通常會挑選各種不同的股票或債券，一家基金可能持有 30 到 200 種不同的證券。小額投資人可以透過共同基金，有效地進行分散投資。

可是，此處也有些問題。如同先前所討論的，對於眾多的企業與證券，我們很難持有特殊的見解。因此，持有幾十種或數百種部位，通常並不足以創造平均水準以上的績效。此外，還有費用的問題。共同基金的管理公司對於他們所提供的服務，是要收取費用的。基本算術告訴我們，平均報酬減掉費用，結果將是平均水準以下的績效。所以，扣除管理費和其他費用之後，絕大多數共同基金的長期表現都不如大盤指數。

可是，這也許不是不能克服的障礙吧。我們可以只考慮績效在平均水準以上的基金。只要查閱基金績效紀錄，不難知道基金的績效表現。可是，基金的歷史績效與未來績效之間，並**不**存在顯著的關係。即使是那些專門評估共同基金的機構，它們也很難判斷基金的未來表現。

造成這種問題的理由很多，而且每一個都幾乎無解。共同基金管理公司的收入，乃取決於管理資產規模。共同基金的績效紀錄愈好，資產規模通常就會愈來愈大。基於經濟考量，基金會持續接受資金，來者不拒。等到基金規模成長到某種程度，經理人就很難繼續引用那些過去讓基金得以成功的策略。少數好點子所賺得的錢，現在必須分配給更多投資人。如果投資小型股票曾經有助於基金成功，現在同樣的策略對大型基金來説，已經不適用了。另外，即使是好基金，有時候也會遭遇一連串的逆境（就跟神奇公式一樣）。反之，壞基金有時候也會出現連續的好表現。想要判斷究竟是屬於哪一種狀況，往往很困難，甚至長達好幾年的期間，還是很難以判斷。我們可以繼續扯下去，但事實就是事實。好的歷史績效紀錄，未必有助於預測未來表現，挑選好的基金經理人，就像挑選好的個別股票一樣困難。可是，如果你知道如何挑選個別股票的話，那就不必擔心基金經理人的問題了。

你或許也可以考慮**對沖基金**（hedge fund）。這是專屬私募基金，通常是專門為有錢人設立的。不幸的是，大多數情況下，你可能至少要有 $50 萬資金，才有資格考慮這個投資管道。根據法律規定，大多數對沖基金不能接受那些承擔不起重大虧損的投資人。可是，即使你具備「資格」，這仍然不是一條明智之路。

相較於共同基金，對沖基金享有更大的彈性。經理人除了可以運用基金資本之外，還可以融資買進各種證券。一般來說，對沖基金會下注賭個別股票、其他證券，乃至於大盤指數漲跌。根據規定，共同基金只能受惠於證券價格上漲。對沖基金可以下注賭許多不同證券的上漲和下跌，而且可以融資操作，顯然享有一般共同基金所沒有的優勢。可是，大多數對沖基金的收費很高——至少是管理資產的 1%，**外加** 20% 績效獎金。這也就難怪過去幾年來，有好幾千家新對沖基金成立。但相較於收費，這些基金大多拿不出相對應的績效。勝任的基金經理人畢竟沒有那麼多，各位能夠找到的機會相當渺茫。

這也是很多人之所以決定投資**指數型基金**的理由[註 30]。指數型基金與共同基金很類似，只是其表現設計上是**等同於**某股價指數（譬如：S & P 500，成份股共有 500 支，公司規模相對較大，或羅素 2000 指數，成份股有 2,000 支，公司規模相對較

（註 30）或者是集中市場掛牌基金（exchange-traded fund，ETF），其交易方式與一般股票相同。

小），但收費顯著較低。這類策略雖然不足以擊敗大盤，但起碼可以讓你的獲利等同於市場平均（註 31）。相較於指數型基金，其他投資一旦考慮帳戶費用與其他成本之後，績效都顯著較差；所以，根據這方面研究資料顯示，投資人應該接受市場平均水準的報酬。事實上，就最近 80 年來說，股票市場的所謂平均水準報酬，每年超過 10%，可說是相當不錯。

可是，如果想要平均水準以上的績效呢？我們的華爾街漫步，好像沒有靠到這個站。情況就如同我稍早告訴各位的：華爾街沒有牙仙子。你一旦離開了家，雖然可以把錢放在**專業人士**的枕頭下，但等到你一覺醒來之後，通常只會看到一堆不堪入目的爛績效。

當然，我知道各位想問什麼。是不是還有其他門路？是不是還可以做些什麼？是不是可以找誰幫忙？我從事投資行業已經有 25 年歷史，我自己也多次問過這類的問題。有時候，我還可以推薦某個特別棒的共同基金經理人，或是某個對沖基金經理人。可是，我推薦的這些基金，其規模都已經今非昔比了，投資機會也很快就不復存在。我偶爾也會提供一些個股投資建議。可是，我偶爾提供的個股建議畢竟不可靠，也不能看成是一種長期投資策略。

(註 31) 如果不是透過免稅退休帳戶進行投資，或有稅金負擔考量，這種策略可以讓所繳稅金達到最低程度，因為指數型基金通常不會經常買賣股票，除非指數成份股有所變動。一般來說，指數成份股的每年變動不會超過 10%。

所以，我是愛莫能助了。各位如果不想在投資方面費太多工夫，而且願意接受平均水準的績效，那麼指數型基金應該是最佳的選擇。可是，你如果有能力分析企業，願意花費工夫做研究，那麼挑選個別股票做投資，應該是可行的辦法。問題是，大多數人沒有時間、也沒有能力去分析個別股票。如同前一章所討論的，你如果不知道如何評估企業，不曉得如何估計未來幾年的常態盈餘，那麼個股投資就不關你的事。

可是…看起來或許令人難以置信，但你如果真想擊敗市場，實際上還有一個好辦法。在我們已經講了那麼多之後，現在大概也不用再講了吧。是的…那就是**神奇公式**。

沒錯，就如同我稍早所承諾的，只要遵循本書最後的「步驟說明」，就可以藉由神奇公式擊敗市場。你可以創造出非比尋常的長期投資報酬，而且所承擔的風險很低。遵循步驟說明的指示，你就知道究竟要到哪裡，究竟要做什麼。這一切甚至沒有涉及繁重的工作，頂多是每隔幾個月花上幾分鐘時間而已。

可是，執行本身不是問題。真正困難之處，包含三個部分。第一，你必須確定瞭解神奇公式**為什麼**有道理。第二，即使碰上逆境──親朋好友、報章媒體、專家學者與市場先生都持著相反看法──你仍然必須堅信神奇公式有效。最後，實際決定動手也很困難，雖然我會試著讓整個工作儘可能單純。

所以，祝各位幸運。我真心相信，各位只要遵循本書的指示，投資一定會成功。這同時也是下一章內容特別重要的理由。

如果我的計算無誤，你的成功最後會讓你碰上大問題。我是認真的。各位準備如何處理所有的錢財？

1. 華爾街沒有牙仙子！
2. 沒有任何字眼的韻律聽起來像神奇公式一樣美妙。
3. 能讓你擊敗市場的神奇公式「步驟說明」，將在下一章之後討論。

第 13 章

如果有很多錢的話，你準備如何處理？當然，我是說在你照顧了家人、幫所愛的人準備了退休和將來所需的安排、也購買了一些往後要享用的奢侈品之後，接下來你準備怎麼做？

事實上，你總有一天需要回答這個問題。可是，別擔心，我沒打算拿一大堆統計數據來煩你。我也不準備告訴你神奇公式如何幫助你賺錢。我甚至不會詳細討論複利報酬的概念——簡單說的話，就是只要投資相對少量的錢，賺取合理的報酬率，利上滾利之後，就會成長為一大筆錢。

針對如何提撥更多錢到節稅退休帳戶中，這方面有一些新的規定，因此討論這些或許是件好事情。事實上，從現在開始，如果未來幾年內都提撥最大額度到 IRA[註 32]，你就可以把原本相對小的金額，累積為龐大的數字。以神奇公式過去所創造的績效程度來說，這種做法確實能夠幫你賺很多錢。

(註 32) 不論是傳統投資退休帳戶或 Roth IRA。

簡單說，未來6年內，總共只要提撥$28,000（2006年與2007年最多是每年$4,000，2008年開始的4年，每年最多是$5,000）[註33]，你在20年之後就可以累積到$325,000，30年之後則為$130萬。這是假設投資報酬率每年為15%的情況。根據神奇公式過去的紀錄，年度報酬率應該不只15%，不過我們還是別把未來的報酬率估計得過高。假設投資報酬率每年為20%好了，那麼起始投資的$28,000[註34]，在20年後就會是$752,000，在30年後則是$430萬。

如果投資報酬率每年高達25%（這個報酬仍低於我們先前討論的某小型神奇公式股票投資組合報酬），那麼$28,000在20年後就會變成$160萬，30年後則為$1,340萬[註35]。

在這裡，我要說一件事。如果你還在唸國中或高中，萬一有人──我是說**任何人**，不論他騎的摩托車有多拉風，也不論他的口才有多好──如果他跟你推銷口香糖，每片25美分，我只想給你三個字的建議：

不要買！

(註33) 隨後就不做任何提撥。

(註34) 最初兩年分別提撥$4,000，接下來4年每年提撥$5,000，6年總計為$28,000。

(註35) 請注意，經過6年之後，如果剩下來的24個年份裡，你決定每年繼續提撥$5,000，而不是停止提撥，那麼在30年後就會成長為$1,650萬，而不是$1,340萬。如果我們願意談論複利報酬效應的話，就會發現相對小額提撥金額發生得愈早，愈能充分發揮複利效應。

我這麼說，並不是因為你隨時有可能會被口香糖黏到鼻子上而出糗。我之所以這麼說，是因為你可知道 25 美分如果適當投資的話，30 年後可以成長為 $200(註 36)，你實在不該為了一片口香糖如此浪費。事實上，你不該把錢浪費在很多東西上。相反地，你應該隨時思考如何**節省金錢**，儘可能把**時間花費**在如何做投資。這也就是我想說的。

不幸的是，有件事…我不能向你承諾。你往後運用神奇公式做投資時，績效不一定會有類似於過去的水準。那是我無法知道的事情。不過，我可以這麼說：

我相信，藉由神奇公式與其背後的原理來引導你未來的投資，將是你所能夠運用的最佳投資策略。我相信，不論碰到任何逆境，如果你都能夠持續堅持神奇公式，就能夠輕鬆擊敗市場。總之，即使大家都已經知道神奇公式了，我仍然相信你的績效不會僅只是「相當令人滿意」而已，只要配合一點運氣，應該就能非比尋常。

所以，我給你的提議如下。如果你運用神奇公式賺了很多錢，想要感謝自己的幸運，你或許會想要做些回饋。人們花費在股票市場的時間和精力，實在稱不上是很有效的資源運用。一般來說，當你買賣某上市公司的股票時(註 37)，你實際上只是向某個

(註 36) 25 美分按照報酬率 25%做投資，30 年後將成為 $200。當然，我並不是說你的投資真的能夠每年賺取 25%報酬（你知道的，我永遠不會這麼說）。

(註 37) 這些公司必須向政府單位申報財務資訊，股票公開掛牌而供一般大眾買賣。

股東買進，或把股票賣給某個股東。換言之，這筆交易與股票相應公司沒什麼關係，因為上市公司並沒有直接受惠於這筆交易。

可是，有很多人認為，這種買賣活動還是很有用的。透過這類的買賣活動，才能建立可供股票交易的活絡市場。當上市公司需要資金時，可以額外發行股票，透過股票市場籌措資金，藉以興建工廠、擴充產能、支付帳單…等。確實是如此。傑森如果決定要把口香糖店面從原來的10家，增加為300家，他可以到股票市場發行新股票，直接向投資大眾籌措資金。由於投資人知道傑森口香糖專賣店的股票可以直接在市場上買賣，因此傑森比較容易籌措到他所需要的資金。很多人認為股票交易之所以存在價值與功能，就是基於這個理由。

我並不屬於這類人。沒錯，有個市場可供交易，確實是好事。事實上也很重要。可是，目前發生在市場上的買賣，有95%是完全沒必要的。即使沒有了其中大部分交易，市場仍然如故。沒有了**各位的**貢獻，市場想必仍然會很好。

事實上，每個學期我在學校開課的時候，都會告訴我的所有 MBA 學員們，我即將教導他們的技巧，只存在有限價值。這並不是說這些技巧缺乏賺錢潛能，而是說他們的時間與資源如果用在別的地方，或許會更有用。因此，對於我將教導他們的知識，我會要求他們想辦法做些回饋(註38)。

(註38) 關於這方面的論述，請參考本章最後的方塊文字。

所以，各位的情況也一樣，我希望本書與隨後的步驟說明，能夠協助各位達成投資目標。我深信情況確實會如此。另外，我希望各位的投資目標，也包括了運用各位的好運，回饋給你認為重要而有意義的領域。

祝各位好運。

關於如何運用你的財富，除了照顧親朋好友之外，當然還有很多用途。不論是贊助醫療研究、協助窮人、推動社會正義，或支持你相信的任何有價值活動，所有這些應該都是慈善捐款的最佳選擇。可是，由於本書的主題是討論如何賺取高資本報酬率，所以我還有一種值得各位參考的想法。

協助美國經濟成長和繁榮所需要的人才，包括了企業家、科學家、工程師、專業人員，以及廣大的技術勞工，其培養都有賴我們的教育體系。美國經濟的發展，隨著時間經過，其成果都會反映在股票市場。可是，我們顯然浪費了很多未來的潛能。舉例來說，美國境內每個大城市，最終能夠畢業的公立學校9年級學生，幾乎還不到一半。想想看。毫無疑問地，這種可怕的浪費之所以發生，想必涉及很多理由，但問題顯然普遍存在於每個年級中。很多升到9年級的學生，可能已經落後了4、5個年級。

所以，我們**應該**怎麼解決這個問題呢？教導年輕人顯然是我們的優先考量，教導孩童們成為社會上具有生產力的成員，應該是最重要的投資。這才是所謂高資本報酬的投資！我們知道，做壞事——譬如：犯罪、販毒、發動戰爭…等——會產生負面成本。所以，我們打算如何解決這個問題？

對於資本主義體系，答案應該相當清楚。我們如果打算整頓類似如JB企業的機構，首先會試著改變幾件事。我們或許會解聘不適任的經理，聘請更好的業務人員，做些廣告，最後如果還是沒看到顯著進步，我們只能結束公司營運。處在資本主義經濟體系之下，凡是不能賺取足夠資本報酬率的企業，最終都將無法生存。這是很健康的現象。報酬績效不理想的投資，我們就不該繼續投入資金；資本主義經濟體的資金自然會有系統地重新導向那些能夠有效運用新資本的事業。

所以，應該如何處理我們的公立學校系統？首先，我們要試圖做些改變。辭退一些不適任的教師，提高好老師的薪水，不適任的校長必須離開，最後是關閉那些無可救藥的學校。原本用於壞學校的資金，自然會重新導向那些能夠創造高資本報酬的（公立或私立）學校。不幸的是，對於大城市所屬的公立學校來說，相同的問題已經存在40多年了，而「解決之道」也差不多同樣存在那麼久的時間了！

處在資本主義體系之下，經濟機構的問題如果無法解決，該機構就應該關閉。可是，對於公立學校來說，這種情況卻很少發生。這就是兩者之間的差別所在。我們幾乎不可能辭退不適任的教師，不可能提升好老師的薪水，更不可能關閉壞學校。總之，績效不彰不必接受懲罰，好表現缺乏誘因，所以問題持續存在。

因此，花費在壞老師或壞學校的資金，幾乎不會重新導向那些能夠創造高資本報酬的好老師或好學校身上。我們如果想引用我們從資本主義經濟所學到的知識，任何解決辦法——不論所涉及的是公立學校、特許學校或資助學校——都需要正視這些議題。否則的話，我們往後很久一段期間都會被卡在 JB 學校體系之中！ *

* 各位對於這方面議題如果有進一步瞭解的興趣，請造訪下列網站：

successforall.net
allianceforschoolchoice.com
schoolachieveement.org
democratsforeducaitonreform.org

步驟說明

如同各位所知道的，神奇公式過去曾經創造出優異的績效。這部分說明的目的，是要透過一種易於遵循的計畫，協助各位創造出類似的優異績效。可是，在採行任何策略之前，還有幾件事情需要考慮。

第一，本書所做的報酬紀錄，其投資組合是由神奇公式挑選出大約 30 支股票所構成的，所以我們的計畫也應該至少持有 20 支到 30 支股票。記住，神奇公式之所以有效，是運作到**平均數**的概念，所以藉由神奇公式挑選多支股票，才能確保長期績效能夠逼近該平均數（註 39）。

第二，就我們的測試來說，每支股票持有期間為 1 年。對於免稅帳戶而言，持有股票 1 年是沒問題的。至於課稅帳戶，則需要稍做調整。凡是賠錢的股票，我們都希望能在一年到期的**前**幾天賣掉。賺錢股票則希望能在到期之**後**一、兩天賣掉。透過這種方式，獲利將適用較低的長期資本利得稅（持有期間超過一年的獲利，聯邦最高稅率為 15%），虧損則適用短期稅金

（註 39）當然，如果你相當擅長分析企業，有能力自行做研究，只是想運用神奇公式做為指引，協助你挑選適當個別股票，則此處討論的分散投資法則並不適用於你。反之，如果你根本不做個股分析（如同大多數投資人一樣），或是這方面的經驗不多，那麼分散持有 20 ~ 30 支神奇公式所挑選的股票，**絕對是**正確的。

處理（可以扣抵其他所得，否則適用稅率可能高達35%）。經過長時間累積下來，這種些微的調整就可能顯著影響稅後投資報酬。

最後，實際著手進行，可能是最難的部分。你可能不希望一次就買進全部30支股票。但如果想要複製我們的結果，你或許就應該花一整年的時間，將神奇公式的投資組合建構起來。換言之，每隔幾個月，你就買進5～7支股票，直到整個投資組合包含20～30支股票為止。往後，股票凡是到達一年持有期間，就賣掉這些股票，並重新做替代投資。各位如果覺得前述說明有些混亂，不用擔心，請參考稍後的步驟說明。

現在，解決了以上那些問題之後，接下來就要討論幾個簡單的程序，藉由神奇公式來尋找股票。關於篩選股票的套裝軟體，我們有很多選擇，可用來挑選母體內的股票，這些全都是網路上的程式與軟體，可運用網路進行更新。有些管道是免費的，另一些的成本則可能高達每個月$99或更高。每種方法都各有優點和缺點，取決於運作方便性、可靠性、彈性，以及資料來源的完整性。在特定條件下（稍後討論），這些方法大多可以提供合理的神奇公式股票，

有種篩選方法，magicformulainvesting.com，是專為本書而建構的。這個網站設計上是要儘可能模仿我們的測試績效結果。這個網站的服務，目前是免費的。在下文的步驟說明中，將討論如何藉由這個網站挑選股票。

其他選擇方案還包括（但不侷限於）businessweek.com、aaii.com、moneycentral.msn.com、powerinvestor.com、smartmoney.com 等網站的篩選套裝軟體。這些資源大體上都不錯，費用相當合理或免費，但畢竟並不是專門為神奇公式而設計。這些網站的選股，頂多只是大體上符合神奇公式的結果，因為篩選基準不同，根本資料來源也有所差異。關於一般的篩選說明，請參考個別網站。

選項 1：MagicFormulaInvesting.com

步驟 1	前往 magicformulainvesting.com。
步驟 2	根據指示，選擇企業規模（譬如資本市值超過 $5,000 萬者、超過 $2 億者、超過 10 億者…等）。對於大多數個人投資者來說，市值介於 $5,000 萬到 $1 億的股票，規模應該就足夠了。
步驟 3	遵循指示，取得神奇公式的企業排序。
步驟 4	買進排序最高的 5 ~ 7 家股票。剛開始要慢慢來，只投資第一年規劃資金的 20 ~ 33%（資金較小的投資，為了節省網路經紀費用，可以考慮 foliofn.com、buyandhold.com 或 scottrade.com。
步驟 5	每隔兩、三個月，就重複第 4 步驟，直到所有的資金都投資神奇公式股票為止。經過 9 個月或 10 個月之後，投資組合將持有 20 ~ 30 支股票（譬如說，每隔 3 個月，買進 7 支股票，或每隔兩個月，買進 5、6 支股票）。
步驟 6	股票持有期間滿一年，就賣出。如果是課稅帳戶，賺錢股票應該在持有期間滿一年的過後幾天賣出（如同先前所討論的）。然後利用賣出股票所取得的資金，按照第 4 步驟再重新做投資。

步驟 7	**隨後幾年內，持續進行這些步驟。記住，你必須向自己承諾，整個程序起碼要連續進行 3 到 5 年。否則，你可能就會在神奇公式有機會發揮效果之前先放棄了。**
步驟 8	如有需要，請寫信給我，也可以來信向我致意。

選項 2：一般篩選說明

如果使用 magicformulainvesting.com 以外的任何篩選方法，各位應該採行下列步驟，才能儘可能接近神奇公式的結果；

步驟 1	如果採用資產報酬率（ROA）做為篩選準則，請把最低 ROA 設定為 25%。（這可取代神奇公式的資本報酬率。）
步驟 2	根據前述步驟挑選 ROA 高的股票，然後運用最低本益比篩選股票。（這可取代神奇公式的盈餘殖利率。）
步驟 3	剔除所有的公用事業和金融股（換言之，就是共同基金、銀行與保險公司）。
步驟 4	剔除所有的外國股票。一般來說，外國股票的名字之後都會冠上 ADR（American Depository Receipt，美國信託憑證）。
步驟 5	股票的本益比如果很低（譬如：5 倍），通常代表資料可能有誤。你應該把這類股票剔除到清單之外。那些上個禮拜才宣佈盈餘的企業，你也應該剔除。（這麼做可以協助降低資料不正確或不及時的問題。）
步驟 6	取得清單之後，請遵循選項 1：magicformulainvesting.com 所指示的第 4 到第 8 步驟進行操作。

2010 年版後記

我的第一本著作，曾經談到某個剛被國王判處死刑的農夫。這位農夫跪在國王面前說，「喔，偉大、榮耀的國王。你只要願意讓我再活一年，我就能教會你的馬匹說話！」國王心中琢磨著，反正也沒有什麼損失，就答應了農夫的請求。離開皇宮時，有個衛兵把農夫拉到一旁問他，「你怎麼會告訴國王說，你能夠教他的馬說話呢？一年之後，我相信你一定會被斬首！」農夫回答，「那可不一定。一年的時間很長。國王可能忘了這件事。國王可能死掉。那匹馬可能死掉。如果我夠幸運的話，一年之後，搞不好那匹馬真的就會說話了！」

自從本書第一版發行以來，已經過了 5 年。我不確定我們是否幸運，但這段期間發生了很多事情。若以 S & P 500 來看股票市場的情況，行情先是上漲，然後暴跌，最後慢慢回升到 5 年前的位置（不過還是稍低於 10 年前的水準）。至於整個經濟體系，我們看到了房地產泡沫化，歷經一場嚴重的經濟衰退，然後稍微復甦。面對著前述市場與經濟表現，過去 5 年給了我們什麼教訓？我是否想調整本書初版的內容？增添某些東西？神奇公式在這段艱困期間的表現又是如何？

很高興各位提出這些問題。有些東西顯然是沒有變的。神奇公式所依據的原理仍然相同。班哲明．葛拉罕教導我們，做投資時，最重要的概念就是預留顯著的安全邊際。換言之，先琢磨某東西究竟值多少錢，然後再以顯著較低的價格買進就對了。在企業價值與支付價格之間保留顯著的價差，就能創造安全邊際，確保長期投資成功。

葛拉罕描述的「市場先生」仍然扮演有力的角色。市場仍舊非常情緒化。行情可以擺盪於極度樂觀和悲觀之間，價格也因此可能在短期間內產生巨幅波動。過去幾年，我們看到很多這類發展。可是，正如同葛拉罕所指出的，企業的長期價值變動，顯然不可能如同價格巨幅波動所蘊含的程度。這些情緒化的價格擺動，有時候會讓股價顯著低於企業的根本價值，讓精明投資人有機可趁。可是，這些購買便宜貨的機會，一般都會被那些隨時留意價格與價值之間差距的投資人掌握，而不是那些根據情緒擬定決策的人。

神奇公式試圖尋找的企業，其股票交易價格便宜，相對低於企業真實價值。這麼做就是為了要掌握安全邊際。換言之，相對於所支付的價格，我們希望找到盈餘能力顯著更強的企業。盈餘超過所支付價格的程度，愈大愈好。神奇公式實際上並沒有採用單純的盈餘，也沒有採用單純的價格（這套公式根據不同企業的債務與適用稅率進行調整），但基本概念完全相同。這套公式所做的系統性排序，基準是根據股價相對於盈餘的廉價程度，由於此乃明確的公式，所以市場先生的情緒完全被排除在外。

可是，神奇公式決定買進哪些企業之前，還會做些其他的事。公式的這部分，是受到葛拉罕最著名的追隨者華倫·巴菲特所啟發的。對於葛拉罕所倡導的原始概念——透過顯著的安全邊際投資便宜的企業——巴菲特追加了額外的一種強大的概念。這看起來雖然只是微不足道的改善，卻可能是巴菲特之所以成為最偉大投資人的原因。原則上，巴菲特認為（深受合夥人查理．孟格的影響），以便宜的價格買進一家企業，確實很好。可是，如果可以便宜買進好企業，那就更好了。

好企業的價值通常會隨著時間經過而成長。不良的企業，價值則會萎縮。如果買進不良的企業，原本看似充分的安全邊際可能就會萎縮，甚至完全消失，因為如果持續投資不良的企業（不妨想想Just Broccoli），長久下來，實際上可能就會摧毀價值；至於好企業，情況剛好相反。你所擁有的企業，其盈餘如果能夠持續以高報酬率進行投資（想想傑森口香糖的每個新店面能夠提供50%的報酬），就能隨著時間經過創造出價值，而原來的安全邊際也會跟著增加。

神奇公式透過系統性方法尋找好企業。企業經營需要兩件東西：營運資本（working capital）與固定資產。以傑森口香糖專賣店來說，經營業務需要營運資本，需要有資金購買口香糖存貨。固定資產則包括商店陳列架，以及商店建築本身。神奇公式只是嘗試判斷每家企業究竟是如何將營運資本與固定資產的投資轉換為盈餘而已。相較於營運資本與固定資產的投資，企業創造的盈餘愈多，神奇公式對於該企業的排序也就愈高。

容我重複強調，這套公式並非單純尋找最便宜的企業，也不只是尋找最好的企業。神奇公式試圖買進那些既便宜又好（美而廉）的企業，而過去 5 年來，這個概念並沒有改變。股票價格顯然會隨著時間經過而變動；盈餘也是如此。神奇公式會把這些變動考慮在內，然後做排序。不論市場環境如何，總有某些企業會有最高的排序。典型的股價指數基本上就是按照平均水準的價格，購買平均水準的企業，神奇公式則是買進平均水準以上的企業，但必須以低於平均水準的價格買進。這種投資策略不只合理（我們稍後還會檢視），而且長期而言也確實有效。

不幸的是，「短期」會給我們帶來一些麻煩。神奇公式存在嚴重瑕疵，其中兩個最重要者，實際上相當棘手。首先，這套公式經常沒效。我之所以知道這點，是因為我在本書第一版發行之後收到大量的電子郵件。某策略如果在 6 個月、1 年或甚至更久期間無法有效運作，投資人就很難堅持。這種情況對於藉由電腦建議買進 20、30 家企業的策略來說，更是如此。

對於那些每天閱讀報紙的人來說，這方面的感受可能特別深刻。神奇公式所挑選的企業，目前幾乎都因為種種理由而失寵。營建業的榮景已過，醫療保健改革會破壞盈餘，消費者已經週轉不靈；神奇公式所挑選排序最高的企業，幾乎都有不該買進的明確理由。事實上，神奇公式所挑選的很多企業，其表現確實不如市場。一般來說，排序最高的股票，大約只有 50% 到 60%，其表現優於市場。可是，平均而言，神奇公式投資組合的表現還是很好。為什麼會這樣呢？

不妨這麼想，關於神奇公式所挑選的大多數企業，如果投資人對於短期未來的看法相當悲觀，結果也不容易令人太過失望。因為該公式所挑選的企業，如果預期未來幾年的盈餘偏低，當這些偏低的盈餘實際上發生時，股價可能並不會下跌太多。很多情況下，購買價格其實已經反映這些悲觀的預期。另一方面，盈餘如果稍微或顯著優於股票購買價格所反映的悲觀預期，隨後幾年的股價表現可能就會非常傑出。

所以，未來幾年盈餘表現不彰的企業，這些股票所造成的虧損如果不大，而那些盈餘稍微或顯著優於悲觀預期的企業，如果讓我們賺很多錢；如此一來，這就是很好一筆交易！一般來說，藉由神奇公式挑選20、30支股票所構成的投資組合，長期表現都相當令人滿意。問題是，如果是發生在較短時間架構上——有時候也不太短——這套策略還是有可能無效。

另外，還有一種構想值得考慮。我們為什麼不從神奇公式排序最高的股票中進行一些篩選，而是建議可以買進其中的每一支股票呢？過去5年來，很多人寫信給我，建議做這方面的策略調整。我們或許可以剔除製藥企業，因為健保改革可能對這些股票造成傷害；我們也可以剔除消費者股票，它們可能因為即將到來的經濟衰退而受到不利影響；另外，也可以剔除一些基於各種理由而現況看起來不太樂觀的企業。

這個構想當然很有道理，問題是我們還無法找到有效的執行辦法。神奇公式所挑選的企業，大多都頂著逆風，或面臨某種不確定性。在「似懂非懂可能最危險」的考量下，我們通常很難判斷哪些企業的表現會稍優於其股價所普遍反映的悲觀預期。神奇公式之所以挑選 20、30 支股票，情況有些類似於保險公司的運作。

保險公司推銷人壽保險給某個年齡層的一千個客戶，他們可以相當精準猜測有多少人可能會因為不幸而無法安然度過明年。保險公司並不知道這一千人裡面，究竟有哪些人會發生不幸，但他們可以相當精準估計這一千人之中有多少人活不過明年。同理，購買神奇公式排序最高的 20、30 支股票時，我們當時並不知道哪些股票的表現會優於市場。我們只知道所買進的企業（平均而言）價格相對低於其盈餘，我們所買進的企業（平均而言）可以賺取很高的資本報酬。經過如此篩選的投資組合（平均而言）將讓我們得以平均水準以下的價格，購買到平均水準以上的企業。

就長期而言，這套策略看起來頗有道理，但短期之內，市場先生未必願意配合演出。所以，第一個瑕疵是很清楚的。神奇公式策略的表現，很有可能長達數年都不如市場。不過，請記住，神奇公式如果真能每個月、每季、每年都有效（然後又有某個傻瓜決定就此寫一整本書），那麼大家就幾乎都會採用這套公式。該公式所挑選的股票，價格必將走高，最終導致公式不再有效。就某個意義層面來說，這套公式之所以棒，就是因為它不太棒！

遵循這套公式，你等於被迫買進一些失寵的企業，任何經常閱讀報紙的人，大概都不會考慮買進。然後，你可能還要經常抱著這些股票長達數年，忍受投資組合的表現不如市場。總之，各位如果可以看到我過去 5 年來的電子郵件收件匣，應該就不會太擔心大家都閱讀這本書、運用相同的公式，因此而毀了它。一套策略如果長達數年都無效，恐怕就很難堅持。

可是，除此之外，我們還面臨第二項瑕疵。由某些角度來看，這個問題的嚴重性，甚至超過第一個瑕疵。問題看起來雖然很明顯，但我真希望自己當初應該更強調一些。是這樣的：擊敗市場不等同於賺錢。由於我們的投資組合全部都是多頭部位，所以股票市場如果下跌，我們的投資組合也大有可能跟著下跌。市場如果跌了 40%，我們擊敗市場而只賠了 38%，那只不過是微不足道的安慰而已。

對於大多數人來說，我相信，股票市場投資應該佔整體投資組合的一大部分，至於這個部分究竟有多大，每個人的情況可能都不盡相同。對於某些投資人來說，正確數據可能是總投資組合的 40%，其他人可能是 80%。你究竟應該投資多少，將取決於你個人的許多考量。可是，對於你決定投資股票市場的部分，我相信神奇公式策略應該是最佳選擇之一。不幸的是，股票市場的投資比例應該是多少，則是個很難回答的問題。

在恐慌認賠之前，你願意（或能夠）承擔多少虧損呢？如果你不能忍受策略長達數年無效，就不該把如此大部分的資產投資於股票市場。對於神奇公式來說，艱困遭遇是無可避免的。如同前文所指出的，這套公式的表現有可能長達數年不如市場。行情如果下跌，這套公式也可能賠大錢。

所以，讓我們觀察表 A.1，其中顯示神奇公式盈虧的更新結果。另外，即使是一套有效的長期策略，表 A.1 也說明了它可能遭遇什麼樣的狀況。

表 A.1　神奇公式的投資結果（截至 2009 年）

年份	最大型 1,000 支股票（超過 $10 億）	最大型 3,500 支股票（超過 $5000 萬）	S&P 500
1988	0.294	0.271	0.166
1989	30	44.6	31.7
1990	-6	1.7	-3.1
1991	51.5	70.6	30.5
1992	16.4	32.4	7.6
1993	0.5	17.2	10.1
1994	15.3	22	1.3
1995	55.9	34	37.6
1996	37.4	17.3	23
1997	41	40.4	33.4
1998	32.6	25.5	28.6
1999	14.4	53	21
2000	12.8	7.9	-9.1
2001	38.2	69.6	-11.9
2002	-25.3	-4	-22.1
2003	50.5	79.9	28.7
2004	27.6	19.3	10.9
2005	28.9	11.1	4.9
2006	18.1	28.5	15.8
2007	7.1	-8.8	5.5
2008	-38.8	-39.3	-37
2009	58.9	42.9	26.5
	0.197	0.238	0.095

撇開所有的瑕疵不談，這套公式的長期效力似乎沒問題（很幸運的是，我也收到很多這方面令人愉快的電子郵件）。可是，我們針對美國最大型的 1,000 家企業（市值超過 $10 億）所做的測試顯示，最近 10 年的結果相當有趣。這是很罕見的情況，S & P 500 指數的 10 年期表現實際上是下跌的。另一方面，根據我們的歷史測試資料顯示，神奇公式在這段期間卻獲利 255%（資金翻了不只 3 倍！）。換言之，這 10 年期間，S & P 500 平均每年下跌 0.9%，神奇公式的年度化報酬則為 13.5%。

可是，即便是在這段不平凡的 10 年期間，神奇公式的表現雖然超越市場，但投資人仍然要忍受不彰績效。事實上，這 10 年裡，有長達 34 個月期間，神奇公式的表現不如 S & P 指數，另外還有一段不重疊的 13 個月期間，績效也不如市場。換言之，在這段傑出的 10 年期間，神奇公式表現超越指數的程度，雖然每年不只 14%，但幾乎有 4 年的績效不如市場。如果神奇公式超越指數的程度每年「只有」5%或 10%，不妨想想投資人必須要多麼有耐心才能堅持下去。

有一點特別值得注意的是，在 2007 年時，如果我們用神奇公式在全部 3500 家股票（市值最低只有 $5,000 萬）中進行挑選，結果可說是相當不順利。2007 年，這個投資組合虧損 8.8%，而以 S & P 500 為代表的市場在相同期間內則上漲了 5.5%，至於神奇公式從市值最高 1,000 家企業中所挑選的投資組合，在這段期間的獲利則為 7.1%。

除了神奇公式在短期間表現不可預測的一般警告之外，2007 年也對於所謂的「價值型」小型股相當不友善。舉例來說，2007

年期間，（羅素）成長型小型股指數的表現，就比價值型小型股指數的表現高出 16.8%，而大型股的表現也比小型股高出了 7.3%。對於神奇公式的小型股投資組合來說，這段期間的處境可說是特別地艱難。

不過，神奇公式還是有令人鼓舞的一面。假設有人在一開始就告訴我們，市場（譬如 S & P 500 指數）在未來 10 年內將會下跌，而我們當初也相信了這種說法，那麼我們的資金或許就會另作安排。如果我們都已經預知股票市場即將下跌，那為什麼還要投資呢？可是，就目前的這個例子來說，即使我們預先掌握的是正確的資訊，但如果我們因此決定不繼續運用神奇公式進行投資，結果卻是錯誤的。如果這 10 年我們持續遵循神奇公式，以平均水準以下的價格買進平均水準以上企業，我們就可以在大盤下跌的這 10 年期間裡，讓資金往上翻不只 3 倍以上。當然，這是對於神奇公式特別友善的 10 年，但大多數的 10 年期，股票市場都是上漲的，情況應該更有利才對。我們可以考慮一般的狀況，假設股票市場平均每年成長 5%，再加上神奇公式 5 ～ 10%的額外績效，整體報酬應該就相當不錯了。

可是，市場如果上漲，那還有什麼值得擔心的呢？本書第一版曾經提供一份表格，針對規模最大的 2,500 家美國企業，運用神奇公式每個月做排序。然後，將排序結果按照順序劃分為 10 組，每組股票都持有一整年。所以，第 1 組是由排序最高的 250 支股票所構成，第 2 組是由排序次高的 250 支股票所構成，如此一直到第 10 組（這 250 支股票是被神奇公式認定為價格過高的不良企業）。表 A.2 顯示的是延伸到 2009 年的結果。

表 A.2 年度化報酬率（1988 ~ 2009）	
第 1 組	15.20%
第 2 組	12.7
第 3 組	12.1
第 4 組	11.5
第 5 組	10.7
第 6 組	10.2
第 7 組	8.8
第 8 組	7.1
第 9 組	4.1
第 10 組	-0.2

同樣地，第 1 組表現優於第 2 組，第 2 組表現優於第 3 組，第 3 組表現優於第 4 組，這種情況一直延續到第 10 組（該組實際上發生了些許虧損）。以這些資料來判斷，神奇公式看起來確實應該有效，而且效力並不侷限於排序最高的股票，而是能夠涵蓋所有的股票。

很多讀者覺得這份表格很有趣。本書的一些最精明的讀者——包括某些頂尖基金經理人與個人投資者——向我表達了一種經過深思熟慮的建議。他們認為，為什麼不只買進排序最高的第 1 組股票，同時放空排序最差的第 10 組股票？（「放空」是賭股價將下跌的一種操作手法。）為什麼不賺取 15.4％報酬（做多第 1 組的 15.2％，加上放空第 10 組的 0.2％報酬），而且還不需承擔任何市場風險？由於多空兼做，風險可以降到最低，而且還能賺錢，也不需擔心整體市場究竟是上漲或下跌。

首先，我要感謝那些提供這種敏銳而合理建議的每個人。可是，我又要提到神奇公式的另一種小瑕疵。這套公式有時候不太合作，並不是永遠都有效。有時候，偏偏就是排序最高的股票下跌而排序最差的股票上漲。當然，以多方的立場來看，神奇公式確實有效，第 1 組的績效遠勝過第 10 組。問題是如果以空方的立場來看，市場先生則可能另有打算。

整個 22 年期間，我們如果實際運用這種策略，買進第 1 組的所有股票，同時放空第 10 組的所有股票，結果恐怕會面臨相當艱困的局面。我們不只不能賺取 15.4%，而且會在 2000 年碰到小小的麻煩。好吧，也許應該說是大麻煩——我們將會破產，資金全部泡湯！不論投資期間有多長，如果完全失去了資金，複利效應也就無從發揮了！

所以，對於所有的建議，我都萬分感激，但結果顯示這套公式並不適合如此操作。雖然如此，但這似乎也有它好的一面。如果這套公式真能透過買進排序最高股票，放空排序最差股票這種套利方式來取得可觀的報酬，那麼我們原本可以賺到的利潤，其中有很多可能就會被套利者賺走了。（還好實際上並非如此。讀者如果不懂什麼叫「套利」，那沒有關係，請繼續閱讀。）

如果我們真想弄出一套多空兼做的策略（而且不至於破產），或許就必須在挑選第 1 組股票時做些妥協，使多邊部位的價格變動更能對應到空邊部位的走勢。每當我們做這樣的妥協（譬如說，我們可能要買進相同產業、但價格波動性質與空邊部位比較類似的股票），這麼一來，我們所持有的投資組合可能就會開始偏離物美價廉的原則，而我們的空邊部位也可能會開始偏離價格最貴而經營最差的組合。

我們所挑選的多、空兩邊部位愈是能夠彼此對應，我們很可能就會愈偏離單獨使用神奇公式所挑選的股票組合。所以，多空兩頭的股票表現互不相配，反倒似乎是種好性質。換句話說，針對神奇公式所挑選出來的股票，如果我們想在空方找到有效的避險策略，其實並不是那麼容易。因此，這套公式所能提供的效益，基本上還是會繼續流向那些真正以多方為導向的少數投資人手中。

神奇公式還有另一項性質，但很難說是好或是壞。可是，根據我們更新的歷史測試結果顯示，讀者或許應該留意這個性質。最近22年期間，當我們比較神奇公式與S & P 500指數在該指數上升月份與下降月份的績效時，發現我們投資組合的績效勝出部分大多是來自上升月份。在這22年期間，平均而言，若是遇到下降月份，神奇公式大概可以掌握到S & P 500的95%表現，但如果是上升月份，卻能反映出該指數的140%績效。

經過綜合考量之後，我倒寧可神奇公式能夠在下降月份表現得更好一些，而不是上升月份。可是，我猜，這可能是神奇公式不願意合作的另一種情況。大多數人可能認為，價值型股票比較挺得住大盤下跌走勢的拖累（主要是因為買進當時的價格已經夠便宜），甚至碰到大盤上升走勢時，也能有相對優於市場的表現。這種說法可能適用於那些「股價／帳面價值」或

「股價／銷貨」比率偏低的價值型股票。可是，神奇公式過去22年來顯然不適用這種說法。我只能推測這是因為神奇公式相當強調企業盈餘的緣故，當行情呈現下降趨勢時，投資人會覺得近期盈餘高報酬所提供的保障，顯然不如較高的資產或銷貨。不過，下跌行情裡少賠一點，上升行情則多賺很多，這種情形如果能夠持續發展，那也是很不錯的。

過去5年來，我經常被問到的另一個問題是：神奇公式是否適用於美國之外的市場？自從本書第一版發行之後，華爾街許多機構都曾經針對這個問題做過研究（結果顯示神奇公式適用於所有經過測試的海外市場），但我們本身並沒有做過這方面的歷史測試，理由有兩點。第一，美國之外的股票市場，現有的歷史資料都相當不可靠，所以歷史測試結果也不可靠。可是，某些研究結果還是有幫助的，譬如過去幾十年來有關典型的（測試方面比較沒有問題的）價值性質——例如：較低本益比、較低股價／面值比率、較低股價／銷貨比率等——都同樣適用於美國和國際股市。至於第二個理由，可能也是更重要的理由，則是我們相信神奇公式所秉持的原則是普遍適用的。以平均水準以下的價格，買進平均水準以上的企業，這個原則理當適用於任何自由交易市場。因此，我們絕不懷疑神奇公式的邏輯，長期而言應該適用於全球各個已開發或開發中市場。

最後，我必須承認有件相當重要的事情。過去5年來，為了簡化神奇公式策略的執行程序，我成立了一個免費網站，藉以提供排序最高的股票，並提供買進準則，介紹嚴謹而能夠節稅的賣出程序，但我和我的小孩還是覺得難以執行。整個過程聽起來雖然很單純，但整個過程還是需要買進很多股票，而且還要持續追蹤，記住許多重要事件的時間，保持各種紀錄。

很有趣的是，過去一年期間左右，即使我們已經成立了新網站協助大家更容易採用神奇公式策略，但幾乎每個人都寧可讓別人來幫忙處理。這包括我和我的小孩在內。事實上，如果有所選擇的話，新網站使用者有97%的人，決定讓神奇公式來幫他們執行，而不願意做某些個人化的調整，然後自行執行。我只能說，相較於我當初寫這本書的時候，我現在更瞭解這種態度了。

可是，這未必是件壞事。只要挑選一套合理而你真正相信的長期策略，那麼每天、每月、或甚至每季檢視，或許並不是個好主意。所以，把這類每天或每季的例行決策留給別人處理，或許比較不至於在錯誤時間做出錯誤的決定。即使是那些決定自行操作此策略的人，保持長期觀點也是成功的關鍵。

經過了這幾年，我對於神奇公式策略的信心，還是如同我當初寫這本書的時候一樣，對於各位決定投資股票市場的那部分投資，這套公式應該還是可以扮演重要角色。可是，別忘了，這是一套長期策略，其表現有可能長達數年不如大盤市場。甚至在表現優於市場的時候，也有可能發生虧損。可是，這套公式確實有道理。一套嚴謹的策略，讓你能以平均水準之下價格，買進平均水準之上的企業，其長期效用應該是毋庸置疑的。不可否認的是，堅持一套長期策略，往往要接受很多挑戰。可是，我由衷相信各位藉由本書所學習到的知識和概念，應該可以協助各位因應那些挑戰。最後，祝各位好運（因為我實在不大相信馬能學會說人話）！

——Joel Greenblatt（喬爾·葛林布萊特）

2010 年 6 月

附錄

請注意：這份附錄不屬於必讀內容。如果想要成功運用神奇公式，各位只需要瞭解兩個基本概念。**第一，以便宜的價格買進好企業，這是非常合理的準則**。大體上來說，這也就是神奇公式所做的事。**第二，市場先生可能要花好幾年的時間，才能認同便宜股票**。因此，運用神奇公式策略時，各位必須要有耐心。附錄即將討論的內容，只是對這兩個概念進行補充。

這份附錄提供了神奇公式與財務報表方面相關的一些背景資料，並且從邏輯和績效結果的角度，比較神奇公式和其他試圖擊敗市場的策略。

神奇公式

神奇公式根據兩個因子做企業排序：**資本報酬率**與**盈餘殖利率**。這兩個因素可以透過好幾種不同方式來衡量。本書研究所採用的衡量方法，詳述如下（註 40）：

1. 資本報酬率

EBIT /（營運資金淨額 + 固定資產淨額）

資本報酬率就是計算「稅前營業利益」（pre-tax operating earnings，EBIT）除以「已動用有形資本」（tangible capital employed）的比率，其中後者也就是（營運資金淨額 + 固定資產淨額）〔Net Working Capital + Net Fixed Assets〕。

我們採用這個比率，而不是更常見的**股權報酬率**（return on equity，簡稱 ROE ＝盈餘／股東權益）或**資產報酬率**（return on assets，簡稱 ROA ＝盈餘／資產），理由有以下幾點。

（註 40）在這份研究中，盈餘相關數據是採用最近 12 個月的資料，資產負債表科目則採用最近的資產負債表，股票市場價格採用最近收盤價。某些公用事業、金融股或其他企業，如果不確定資料庫內的訊息是否完整或即時，就不納入考慮。某些不計息負債是經過調整的。這份研究是針對平均 30 支股票的投資組合而設計。流動性不足的股票，不考慮在內。資本市值是根據 2003 年的金額數據為準。由於資料庫內的資料持續在變動，因此當我們將股票數量等分成十組，或是依照資本市值進行分組時，每一組所包含的股票數量，在整個研究期間內有可能隨時都會跟著變動。

申報盈餘採用 EBIT（扣除利息和稅金之前的盈餘），是因為企業持有各種債務，適用稅率經常不同。若採用稅前營業利益（EBIT），我們就可以比較不同企業之間的營業利益，而不至於被適用稅率與債務扭曲。因此，對於每家公司，我們都可以比較實際的營業利益，以及創造該營業利益的資產成本（也就是已動用有形資本）[註41]。

這裡採用「營運資金淨額 + 固定資產淨額」（或合起來稱作「已動用有形資本」）來取代以 ROA 計算的**總資產**或以 ROE 計算的**股權**。此處主要是考慮企業營運實際上需要多少資本。我們之所以採用營運資金淨額，是因為企業需要針對應收帳款與存貨做融通（這方面計算扣除企業營運不需要的超額現金），但不需支付應付帳款，後者可以視為免付利息的貸款（這方面計算有關流動負債的短期利息債務要扣除）。除了所需要的營運資金以外，企業也必須融通其購買固定資產的資金，譬如房地產、廠房與設備等等。固定資產的淨折舊費用再加回到營運資金淨額之中，這也就是已動用有形資本。

（註 41）為了單純起見，這份研究假設折舊與攤銷費用（盈餘扣除的非現金費用），大約等於資本保全支出（沒有從盈餘扣除的現金費用）。所以，我們假設 EBITDA－保全資本 / 費用 = EBIT。

請注意：無形資產（尤其是**商譽**）要從已動用有形資本中扣除。商譽經常是因為購併另一家企業而產生。購併成本如果超過有形資產，差額部分通常就被視為商譽。商譽屬於歷史成本，不會經常變動。因此，一般情況下，有形資本單獨計算的報酬率（不包含商譽），通常更能精確反映將來的資本報酬率。所以，很多分析師採用的 ROE 與 ROA 計算方式，經常會被扭曲，因為無法區分申報股權與資產、有形股權和資產之間的差別，而且還有企業適用不同稅率、各有不同債務結構而產生的扭曲。

2. 盈餘殖利率

EBIT ／企業價值

盈餘殖利率乃計算稅前營業利益（EBIT）除以**企業價值**（股東權益市場價值[註42]+ 計息債務淨值）的比率。我們採用這個比率，而不是更常見的**本益比**（股價／盈餘比率）或**盈價比**（盈餘／股價比率），有好幾個理由。盈餘殖利率基本上就是要衡量企業所賺取盈餘，相對於企業價值的比率。

我們採用企業價值而不是股權**價值**（總市值＝股價 × 發行

(註 42) 包含優先股。

股數），是因為企業價值同時考慮了購買股權的價格，還有企業為了創造營業利益而融通的債務。運用 EBIT（扣除利息與稅金之前的營業利益）來比較企業價值，也就等於是針對購買企業的全額價格，計算稅前盈餘殖利率（也就是稅前營業利益相對於「權益價格 + 債務」的比率）。對於適用不同稅率與持有不同債務的企業來說，這麼一來就讓我們能夠在相同立足點上比較盈餘殖利率了。

以購買價格 \$100 萬的辦公室來說，房地產抵押貸款 \$800,000，股東權益 \$200,000。股權價值雖然是 \$200,000，但企業價值為 \$100 萬。如果辦公室創造的 EBIT 為 \$100,000，那麼 EBIT ／ EV（企業價值）或稅前盈餘殖利率將是 10%（＝ \$100,000 ／ \$1,000,000）。可是，企業如果使用了債務，卻只考慮股權價值的話，就會造成購買這些相同資產之報酬率受到嚴重扭曲。假設 \$800,000 貸款的利息為 6%，企業適用稅率為 40%，則根據股權價值 \$200,000 計算的稅前盈餘殖利率為 26%[註43]。如果債務水準發生變動，藉由股權價值計算的稅前盈餘殖利率也會變動，但 \$100 萬的企業價值與 \$100,000 的 EBIT 將維持不變。換言之，本益比或盈價比會因為債務水準或適用稅率變動而變動，EBIT ／ EV 則否。

（註 43）EBIT \$100,000 減掉利息費用 \$48,000，等於稅前盈餘 \$52,000，\$52,000 ／ \$200,000 = 26%。盈餘比（盈餘／股價）或稅後盈餘殖利率為 15.6%（\$EBIT \$100,000 減掉利息費用 \$48,000，再減掉稅金 \$20,800，等於稅後盈餘 \$31,200；\$31,200 ／ \$200,000=15.6%）。

考慮兩家公司 A 與 B。這兩家公司的銷貨、營業利益與其他一切都相同，唯一的差別是 A 公司沒有債務，B 公司有 $50 債務（利息 10%）。所有的資料都表示為每股單位。

	A 公司	B 公司
銷貨	$100	$100
EBIT	10	10
利息費用	0	5
稅前利益	10	5
稅金（@40%）	4	2
淨利	$6	$3

A 公司股價為每股 $60。B 公司股價為每股 $10。何者比較便宜？

A 公司的本益比為 10 倍（＝ $60 ／ 6）。B 公司的本益比為 3.33 倍（＝ $10 ／ 3）。A 公司的盈價比或盈餘殖利率為 10%（＝ 6 ／ 60），B 公司為 30%（＝ 3 ／ 10）。何者比較便宜？答案應該很明顯，B 公司的本益比只有 3.33 倍，盈餘殖利率為 30%。股價看起來遠比 A 公司便宜，因為 A 公司的本益比為 10 倍，盈餘殖利率只有 10%。所以，B 公司顯然比較便宜，這樣對嗎？

不要太早下結論。讓我們看看兩家公司的 EBIT ／ EV。兩家公司相同！如果要買下整個公司的話，你可以支付每股 $10 買下 B 公司，並承擔每股 $50 的債務，或者支付每股 $60 買下 A 公司而沒有任何債務。這兩種做法的結果是相同的！**不論哪一種做法，你都是花費 $10 買下 $60 的 EBIT ！**（註 44）

	A 公司	B 公司
企業價值（價格＋債務）	60+0 ＝ $60	10+50 ＝ $60
EBIT	10	10

（註 44）舉例來說，不論是花費＄200,000 購買辦公室，然後承擔＄800,000 房屋貸款，或是直接支付現金＄100 萬。對於你來說，兩者應該都是相同的。辦公室的價值就是＄100 萬。

已變質的隨機漫步

多年來，學術界始終在辯論，除了純靠運氣之外，是否可以透過某種系統性方法，找到價格便宜的股票。有一種概念經常被統稱為**隨機漫步**（random walk）或**效率市場理論**（efficient market theory），該理論主張股票市場是個非常有效率的場所，股票價格會充分反映大眾可知的所有資訊。換言之，透過精明買方與賣方之間的互動，市場可以相當精準地把股票價格維持在公平合理的價格附近。基於這套理論，再加上大多數專業經理人的長期績效總是不如大盤指數（註45），因此造成指數型投資的興起，而這種極具成本效益的策略，在設計上其實也就只是試圖複製市場的整體表現而已。

這些年來，當然有很多研究試圖尋找可以擊敗市場的策略。可是，這類研究經常受到批評，理由如下。

(註45) 不論是否扣除管理費和其他費用，結果都是如此。

1. 相關策略之所以得以擊敗市場，是因為運用了後來才出現的資料。換言之，策略使用的資料，在選股當時並不存在（也就是所謂的**前視偏頗**〔look-ahead bias〕）。

2. 相關研究使用的資料庫已經過「清理」，未包含後來宣布破產的企業，使得策略運作結果發生偏頗，顯得比實際狀況優異（也就是所謂的**殘存偏頗**〔survivorship bias〕）。

3. 相關研究使用的資料庫，包含許多小型股，專業投資人實際上無法按照資料庫顯示的價格交易這類股票。

4. 一旦考慮佣金與其他交易成本，相關策略的績效並未顯著優於市場。

5. 相關策略所挑選的股票，風險程度「高於」市場，所以績效也較理想。

6. 相關研究藉由歷史測試程序，挑選最適用於測試期間市況的最佳策略（也就是所謂的**資料探勘**〔data mining〕）。

7. 相關策略引用的了當時並不存在的資料。

很幸運的是，神奇公式似乎沒有牽扯到**任何**這方面的問題。我們採用 S & P Compustat 最新公佈的資料庫，也就是所謂的「當時資料點」（Point in Time）。這個資料庫所包含的資訊，也就是策略測試期間當時，Compustat 客戶每天實際能夠取得的資訊。這個資料庫可以往前回溯 17 年，也就是神奇公式接受測試的期間。由於只採用這個特定的資料庫，因此可以確定相關測試並沒有涉及前視偏頗或殘存偏頗的問題。

另外，神奇公式同時適用於小型股與大型股，績效都顯著優於市場平均，而且所承擔的風險也低於整體市場（不論以何種方式界定風險，結果皆是如此）。因此，有關小型股不易交易、交易成本偏高、具有額外風險等批評，並不足以質疑神奇公式的效力。至於資料探勘的問題，以及使用到測試當時並不存在的資料，這兩種問題也跟神奇公式無關。事實上，神奇公式所採用的兩個篩選條件或因子——**高盈餘殖利率**與**高資本報酬率**——實際上都是早就先接受過測試的因子。簡單說，在進行神奇公式的測試研究**之前**，我們早就已經先判定**高盈餘殖利率**與**高資本報酬率**是分析公司的最重要因子。總之，雖然看起來太過簡單而令人難以置信，但神奇公式確實有用。即使是跟最近完成研究的最精密策略做比較，神奇公式的表現不但毫不遜色，甚至還更加優異。

然而，從某種層面來說，神奇公式的成功，實在也不令人覺得意外。長期以來，我們一向都知道有些簡單的方法可以擊敗市場。根據這些年來的很多研究資料顯示，**價值導向**（value-oriented）策略運用於較長期投資，其績效可以擊敗市場。此處所謂的價值，包含了好幾種不同的衡量方式。舉例來說，這類策略篩選股票的條件包括：偏低的帳面價值／股價比率、偏低的本益比、偏低的股價／現金流量比率、偏低的股價／銷貨比率、偏低的股價／股利比率等等（除了這裡所列之外還有很多）。這些簡單的價值導向策略也和神奇公式的測試結果一樣，未必始終有效。可是，若以較長期投資期限的角度來觀察，這些策略確實有效。長久以來，這些策略的相關文獻，雖然都已經相當完備，但個人投資者與專業投資人大多沒耐心運用。很顯然地，經常必須捱過長時間的績效不彰，是這類策略難以被接受的主因；對於某些專業投資人來說，這類策略也顯得有些不切實際，因為採用這類策略大有可能讓他們失業。

這類簡單方法還普遍存在另一種問題。這些方法雖然有效，但小型股與中型股的適用性超過大型股。這點應該也不會太令人覺得意外才對。某些股票的規模太小，市場流動性不足，不適合某些專業人士買賣，有些股票所創造的佣金收益太少，不足以吸引專業分析師追蹤，因此而被忽略或誤解。所以，中、小型股確實更可能出現價格便宜的投資機會。神奇公式的研究結果，也確實反映了這種情況。神奇公式運用於小型股時，績效比較理想。

可是，這方面的績效表現好，並不能就此完全歸因於小型股效應，因為在測試期間裡，小型股的表現並沒有顯著優於大型股。假設把我們的股票母體按照資本市值劃分為十等分。在這種情況下，我們發現，在整個 17 年測試期間裡，規模最小型等分的報酬率為 12.1%，規模最大型等分的報酬率為 11.9%；規模次小型等分的報酬率為 12.2%，規模次大型等分的報酬率則為 11.9%。

以本書的論點來說，小型股的表現是否優於大型股，這個議題似乎並不特別重要。很顯然地，小型股較經常出現價格便宜的投資機會（同理，也較經常出現價格偏高的現象），因為小型股有更多的選股對象，而且小型股經常被專業分析師忽略，所以更容易訂價錯誤。從某個角度來看，不管是神奇公式，或是其它運用類似如股價／帳面價值做為篩選準則的簡單方法，這些策略——相較於其他精密方法——都更容易從小型股中找到價格便宜的投資機會。

可是，神奇公式有個很不一樣的地方，有別於先前研究討論的其他擊敗市場策略（不論是簡單或精密的方法）。神奇公式運用於大型股（市值 $10 億以上）時，績效仍然非常理想，但其他方法運用於大型股時，績效明顯欠佳。舉例來說，在我們的研究期間裡，「股價／帳面價值比率」是最經常被用來辨識價值型／成長型股票的基準，但它似乎並不能有效判別大型股的贏家和輸家。假設按照「股價／帳面價值比率」把大型股劃分為十等分，則排序最高等份與最低等分（也就是比率最低等分與最高等份）的報酬差異每年只有 2%（註46）。

相形之下，神奇公式的表現好多了。假設運用神奇公式於大型股，並做排序，將所有股票劃分為十等分。結果我們發現，排序最高等份（排序最前面的 10%股票）與排序最低等分（排序最後面的 10%股票）之間的績效差異，在整個 17 年測試期間裡，竟然超過 14%。排序最高等份的年度報酬為

（註 46）比率最低等分的報酬率為 13.72%，最高等分為 11.51%。大型股整體市場報酬為 11.64%。

18.88％，排序最低等分則是 4.66％，整體大型股母數（市值超過 $10 億者）的市場平均報酬為 11.7％。老實說，這種結果並不令人覺得意外。股價／帳面價值比率雖然可以**顯示**股價的便宜程度，但「盈餘／股價」與「盈餘／資產歷史成本」能夠更直接衡量股價便宜的程度，所以效果自然也**應該**更好才對。當然，這兩個因子也就是神奇公式的股票篩選準則。

最近有份重要的研究報告，是由芝加哥大學的約瑟夫．派爾特洛斯基（Joseph Piotroski）所提出，他進一步延伸股價／帳面價值研究。派爾特洛斯基發現，股價／帳面價值比率偏低的股票，績效雖然可打敗市場平均，但所挑選的股票當中，績效實際優於市場平均的家數還不到一半。派爾特洛斯基思考，是否可能運用一些簡單而容易取得的會計衡量數字，藉以提升股價／帳面價值比率策略的效力。派爾特洛斯基採用了 9 種不同的會計衡量數字（包括：獲利能力、營運效率、資產負債表強度…等），將所選股票劃分為 5 等分（每等分佔 20％）。這份涵蓋 21 年的研究報告顯示，這 9 種會計衡量數字所提供的效益相當傑出…但有個例外。

對於大型股來說，這 9 種會計衡量數字都沒有提供明顯的效果。對於市值最大的三分之一股票（註 47），9 種會計衡量數字排

（註 47）大致對等於神奇公式研究裡，資本市值超過＄7 億的股票。

序最高的股票，其績效並沒有顯著超越一般股價／帳面價值比率偏低的股票（註48）。這個結果也不令人覺得意外。就如同稍早所提過的，中、小型股原本就是比較容易出現訂價錯誤的情況。

這些得以擊敗市場的方法，運用於大型股的效力較差，這是相當普遍的現象。即使是最精密的這類策略，整體效力雖然很好，但運用於大型股時，其表現就顯然不如簡單的神奇公式（註49）。舉例來說，羅伯・霍根（Robert Haugen）與納丁・貝克（Nardin Baker）所發展的精密因素模型，就是近來最棒的相關研究之一（註50）。霍根教授還因為這份傑出的研究而自行創立了投資顧問公司。

我們知道，神奇公式只透過兩個條件或因子篩選股票，霍根的精密模型則採用 71 種據說有助於預測股價未來表現的因子。這 71 種因子試圖衡量股票的「風險、流動性、財務結構、獲利能力、價格歷史與分析師估計值」。71 種因子經過非常複雜的加權計算之後，霍根的模型藉此預測每支股票的未來報酬表現。霍根模型對於 3,000 多支股票母體所做的評估，相關歷史「期望報酬」公佈於他的網站，涵蓋期間從 1994 年 2 月到 2004

(註 48) 不過 9 種會計衡量數字排序最低的股票，其績效確實顯著低於一般股價／帳面價值比率偏低的股票。派爾特洛斯基的排序系統，在整個 21 年期間內，只挑選了 34 支排序最低股票。

(註 49) 神奇公式運用於小型股也很有效果。

(註 50) 請參考 Haugen., and N. Baker, "Commonality in the Determinants of Expected Stock Returns," Journal of Financial Economics, Summer 1996。

年 11 月。我們也測試了霍根的模型，想看看是否適用於大型股（資本市值超過 $10 億的股票，以 2004 年的金額數據為準）。

結果確實適用，而且效果傑出。在 10 年出頭的測試期間裡，整體大型股母體的平均報酬為每年 9.38%，但霍根模型挑選的最高十分之一等級股票，同期報酬為 22.98%。至於最低十分之一等級股票，則虧損 6.91%。所以，最高與最低等級的報酬相差將近 30%！請注意，這是假設股票持有期間為 1 個月，每個月底重新排序的情況。測試結果顯示，霍根的模型確實很棒，但神奇公式更棒！

在前述相同的 10 年測試期間裡，神奇公式排序最高十分之一等級股票，年度報酬為 24.25%。排序最低十分之一等級股票則發生 7.91% 虧損。所以，最高與最低等級的報酬相差超過 32%！神奇公式的測試結果雖然稍微優於霍根的 71 個因子模型（神奇公式比較容易執行），但兩種方法的表現都很好，沒有明顯差別。不過，請注意，一般人投資股票，期限不會（也不該）只有 1 個月。撇開所投入的時間、交易成本與稅金費用不談，1 個月的持有期間，基本上是屬於短線交易策略的範疇，很難稱得上是長期投資策略。所以，持有期間如果從 1 個月延長為 1 年，結果又將會如何呢？（註 51）

（註 51）10 年測試期間裡，每個**月**都重新建構投資組合，然後持有 1 **年**，所以總共有 120 個不同的投資組合接受測試。

結果相當有趣。霍根的 71 個因子模型表現仍然很好：排序最高十分之一等級股票的年度報酬為 12.55%，排序最低十分之一等級股票的報酬為 6.92%，整體大型股的報酬為 9.38%。所以，高、低等級績效差異縮小為 5.63%。如果不是剛看過 1 個月的測試數據，這個數據應該是很不錯的。可是，神奇公式的情況如何呢？排序最高十分之一等級股票的年度報酬為 18.43%，排序最低十分之一等級股票的報酬為 1.49%，最佳與最差等級出現將近 17%的差異！不論從哪個角度解釋，這個結果都很好。還有一個現象很有趣。在 10 年多的測試期間裡，根據霍根策略建構的部位，連續持有 36 個月（每年周轉一次）的最差表現為 -43.1%。神奇公式的對應數據則為 +14.3%。另外，神奇公式的考慮因子只有 2 個，霍根模型有 71 個，兩者相差 69 個之多！（註 52）

（註 52）霍根教授並沒有建議買進排序最高十分之一等級股票，也沒有建議持有期間 1 年。另外，最糟的 36 個月期報酬，也是針對排序最高十分之一等級股票而言，−43.1%虧損類似於整體市場的同期表現。此處整理的統計數據，是為了比較神奇公式與霍根模型，所以只採用兩個模型都包含的大型股（市值超過＄10 億者）。

所以，讓我們歸納結論。神奇公式的表現看起來很好。我認為、也期待這套公式將來的表現依然會很好。就如同馬克吐溫對於高爾夫球運動所做的描述——「原本很好但已變質的散步」，我期待隨機漫步的效率市場，有一天也會變成「已變質的隨機漫步」(註53)。

(註53)可是，再想想，我這是在騙誰呢？老實說吧，我真正希望的是，神奇公式能永存不朽！

▼歡迎大家加入IPC

即可享有會員專屬優惠▲

>>> www.ipci.com.tw

iPC 寰宇財金網

財金趨勢與產業動態的領航家

財經書·我選擇寰宇！

書城全新改版

Invest your profession. Trade your advantage.

歡迎大家加入 iPC 立即享優惠

強檔上線

專屬達人專區、財金主題企劃
多種全新服務將陸續強檔上線

外匯 股票 投資 程式

寰宇圖書分類

技　術　分　析

分類號	書名	書號	定價
1	波浪理論與動量分析	F003	320
2	股票K線戰法	F058	600
3	市場互動技術分析	F060	500
4	陰線陽線	F061	600
5	股票成交當量分析	F070	300
6	動能指標	F091	450
7	技術分析 & 選擇權策略	F097	380
8	史瓦格期貨技術分析(上)	F105	580
9	史瓦格期貨技術分析(下)	F106	400
10	市場韻律與時效分析	F119	480
11	完全技術分析手冊	F137	460
12	金融市場技術分析(上)	F155	420
13	金融市場技術分析(下)	F156	420
14	網路當沖交易	F160	300
15	股價型態總覽(上)	F162	500
16	股價型態總覽(下)	F163	500
17	包寧傑帶狀操作法	F179	330
18	陰陽線詳解	F187	280
19	技術分析選股絕活	F188	240
20	主控戰略K線	F190	350
21	主控戰略開盤法	F194	380
22	狙擊手操作法	F199	380
23	反向操作致富術	F204	260
24	掌握台股大趨勢	F206	300
25	主控戰略移動平均線	F207	350
26	主控戰略成交量	F213	450
27	盤勢判讀的技巧	F215	450
28	巨波投資法	F216	480
29	20招成功交易策略	F218	360
30	主控戰略即時盤態	F221	420
31	技術分析・靈活一點	F224	280
32	多空對沖交易策略	F225	450
33	線形玄機	F227	360
34	墨菲論市場互動分析	F229	460
35	主控戰略波浪理論	F233	360
36	股價趨勢技術分析—典藏版(上)	F243	600
37	股價趨勢技術分析—典藏版(下)	F244	600
38	量價進化論	F254	350
39	讓證據說話的技術分析(上)	F255	350
40	讓證據說話的技術分析(下)	F256	350
41	技術分析首部曲	F257	420
42	股票短線OX戰術(第3版)	F261	480
43	統計套利	F263	480
44	探金實戰・波浪理論(系列1)	F266	400
45	主控技術分析使用手冊	F271	500
46	費波納奇法則	F273	400
47	點睛技術分析—心法篇	F283	500
48	J線正字圖・線圖大革命	F291	450
49	強力陰陽線(完整版)	F300	650
50	買進訊號	F305	380
51	賣出訊號	F306	380
52	K線理論	F310	480
53	機械化交易新解:技術指標進化論	F313	480
54	趨勢交易	F323	420
55	艾略特波浪理論新創見	F332	420
56	量價關係操作要訣	F333	550
57	精準獲利K線戰技(第二版)	F334	550
58	短線投機養成教育	F337	550
59	XQ洩天機	F342	450
60	當沖交易大全(第二版)	F343	400
61	擊敗控盤者	F348	420
62	圖解B-Band指標	F351	480
63	多空操作秘笈	F353	460
64	主控戰略型態學	F361	480
65	買在起漲點	F362	450
66	賣在起跌點	F363	450
67	酒田戰法—圖解80招台股實證	F366	380
68	跨市交易思維—墨菲市場互動分析新論	F367	550
69	漲不停的力量—黃綠紅海撈操作法	F368	480
70	股市放空獲利術—歐尼爾教賺全圖解	F369	380
71	賣出的藝術—賣出時機與放空技巧	F373	600
72	新操作生涯不是夢	F375	600
73	新操作生涯不是夢—學習指南	F376	280
74	亞當理論	F377	250
75	趨向指標操作要訣	F379	360
76	甘氏理論(第二版)型態-價格-時間	F383	500
77	雙動能投資—高報酬低風險策略	F387	360
78	科斯托蘭尼金蛋圖	F390	320
79	與趨勢共舞	F394	600
80	技術分析精論第五版(上)	F395	560

技術分析(續)

分類號	書名	書號	定價
81	技術分析精論第五版(下)	F396	500

智慧投資

分類號	書名	書號	定價
1	股市大亨	F013	280
2	新股市大亨	F014	280
3	新金融怪傑(上)	F022	280
4	新金融怪傑(下)	F023	280
5	金融煉金術	F032	600
6	智慧型股票投資人	F046	500
7	瘋狂、恐慌與崩盤	F056	450
8	股票作手回憶錄(經典版)	F062	380
9	超級強勢股	F076	420
10	約翰・聶夫談投資	F144	400
11	與操盤贏家共舞	F174	300
12	掌握股票群眾心理	F184	350
13	掌握巴菲特選股絕技	F189	390
14	高勝算操盤(上)	F196	320
15	高勝算操盤(下)	F197	270
16	透視避險基金	F209	440
17	倪德厚夫的投機術(上)	F239	300
18	倪德厚夫的投機術(下)	F240	300
19	圖風勢—股票交易心法	F242	300
20	從躺椅上操作：交易心理學	F247	550
21	華爾街傳奇：我的生存之道	F248	280
22	金融投資理論史	F252	600
23	華爾街一九〇一	F264	300
24	費雪・布萊克回憶錄	F265	480
25	歐尼爾投資的 24 堂課	F268	300
26	探金實戰・李佛摩投機技巧(系列 2)	F274	320
27	金融風暴求勝術	F278	400
28	交易・創造自己的聖盃(第二版)	F282	600
29	索羅斯傳奇	F290	450
30	華爾街怪傑巴魯克傳	F292	500
31	交易者的 101 堂心理訓練課	F294	500
32	兩岸股市大探索(上)	F301	450
33	兩岸股市大探索(下)	F302	350
34	專業投機原理 I	F303	480
35	專業投機原理 II	F304	400
36	探金實戰・李佛摩手稿解密(系列 3)	F308	480
37	證券分析第六增訂版(上冊)	F316	700
38	證券分析第六增訂版(下冊)	F317	700
39	探金實戰・李佛摩資金情緒管理(系列 4)	F319	350
40	探金實戰・李佛摩 18 堂課(系列 5)	F325	250
41	交易贏家的 21 週全紀錄	F330	460
42	量子盤感	F339	480
43	探金實戰・作手談股市內幕(系列 6)	F345	380
44	柏格頭投資指南	F346	500
45	股票作手回憶錄 - 註解版(上冊)	F349	600
46	股票作手回憶錄 - 註解版(下冊)	F350	600
47	探金實戰・作手從錯中學習	F354	380
48	趨勢誡律	F355	420
49	投資悍客	F356	400
50	王力群談股市心理學	F358	420
51	新世紀金融怪傑(上冊)	F359	450
52	新世紀金融怪傑(下冊)	F360	450
53	金融怪傑(全新修訂版)(上冊)	F371	350
54	金融怪傑(全新修訂版)(下冊)	F372	350
55	股票作手回憶錄(完整版)	F374	650
56	超越大盤的獲利公式	F380	300
57	智慧型股票投資人(全新增訂版)	F389	800
58	非常潛力股(經典新譯版)	F393	420
59	股海奇兵之散戶語錄	F398	380
60	投資進化論：揭開"投腦"不理性的真相	F400	500
61	擊敗群眾的逆向思維	F401	450

共　同　基　金

分類號	書名	書號	定價
1	柏格談共同基金	F178	420
2	基金趨勢戰略	F272	300
3	定期定值投資策略	F279	350
4	理財贏家 16 問	F318	280
5	共同基金必勝法則 - 十年典藏版 (上)	F326	420
6	共同基金必勝法則 - 十年典藏版 (下)	F327	380

投　資　策　略

分類號	書名	書號	定價
1	經濟指標圖解	F025	300
2	史瓦格期貨基本分析 (上)	F103	480
3	史瓦格期貨基本分析 (下)	F104	480
4	操作心經：全球頂尖交易員提供的操作建議	F139	360
5	攻守四大戰技	F140	360
6	股票期貨操盤技巧指南	F167	250
7	金融特殊投資策略	F177	500
8	回歸基本面	F180	450
9	華爾街財神	F181	370
10	股票成交量操作戰術	F182	420
11	股票長短線致富術	F183	350
12	交易，簡單最好！	F192	320
13	股價走勢圖精論	F198	250
14	價值投資五大關鍵	F200	360
15	計量技術操盤策略 (上)	F201	300
16	計量技術操盤策略 (下)	F202	270
17	震盪盤操作策略	F205	490
18	透視避險基金	F209	440
19	看準市場脈動投機術	F211	420
20	巨波投資法	F216	480
21	股海奇兵	F219	350
22	混沌操作法 II	F220	450
23	傑西・李佛摩股市操盤術 (完整版)	F235	380
24	智慧型資產配置	F250	350
25	SRI 社會責任投資	F251	450
26	混沌操作法新解	F270	400
27	在家投資致富術	F289	420
28	看經濟大環境決定投資	F293	380
29	高勝算交易策略	F296	450
30	散戶升級的必修課	F297	400
31	他們如何超越歐尼爾	F329	500
32	交易，趨勢雲	F335	380
33	沒人教你的基本面投資術	F338	420
34	隨波逐流～台灣 50 平衡比例投資法	F341	380
35	李佛摩操盤術詳解	F344	400
36	用賭場思維交易就對了	F347	460
37	企業評價與選股秘訣	F352	520
38	超級績效—金融怪傑交易之道	F370	450
39	你也可以成為股市天才	F378	350
40	順勢操作—多元管理的期貨交易策略	F382	550
41	陷阱分析法	F384	480
42	全面交易—掌握當沖與波段獲利	F386	650
43	資產配置投資策略 (全新增訂版)	F391	500
44	波克夏沒教你的價值投資術	F392	480
45	股市獲利倍增術 (第五版)	F397	450
46	護城河投資優勢：巴菲特獲利的唯一法則	F399	320
47	賺贏大盤的動能投資法	F402	450
48	下重注的本事：當道投資人的高勝算法則	F403	350

程式交易

分類號	書名	書號	定價
1	高勝算操盤(上)	F196	320
2	高勝算操盤(下)	F197	270
3	狙擊手操作法	F199	380
4	計量技術操盤策略(上)	F201	300
5	計量技術操盤策略(下)	F202	270
6	《交易大師》操盤密碼	F208	380
7	TS 程式交易全攻略	F275	430
8	PowerLanguage 程式交易語法大全	F298	480
9	交易策略評估與最佳化(第二版)	F299	500
10	全民貨幣戰爭首部曲	F307	450
11	HSP 計量操盤策略	F309	400
12	MultiCharts 快易通	F312	280
13	計量交易	F322	380
14	策略大師談程式密碼	F336	450
15	分析師關鍵報告 2—張林忠教你程式交易	F364	580

期貨

分類號	書名	書號	定價
1	高績效期貨操作	F141	580
2	征服日經 225 期貨及選擇權	F230	450
3	期貨賽局(上)	F231	460
4	期貨賽局(下)	F232	520
5	雷達導航期股技術(期貨篇)	F267	420
6	期指格鬥法	F295	350
7	分析師關鍵報告(期貨交易篇)	F328	450
8	期貨交易策略	F381	360

選擇權

分類號	書名	書號	定價
1	技術分析 & 選擇權策略	F097	380
2	交易，選擇權	F210	480
3	選擇權策略王	F217	330
4	征服日經 225 期貨及選擇權	F230	450
5	活用數學・交易選擇權	F246	600
6	選擇權賣方交易總覽(第二版)	F320	480
7	選擇權安心賺	F340	420
8	選擇權 36 計	F357	360
9	技術指標帶你進入選擇權交易	F385	500

債　券　貨　幣

分類號	書名	書號	定價
1	賺遍全球：貨幣投資全攻略	F260	300
2	外匯交易精論	F281	300
3	外匯套利 I	F311	450
4	外匯套利 II	F388	580

財　務　教　育

分類號	書名	書號	定價
1	點時成金	F237	260
2	蘇黎士投機定律	F280	250
3	投資心理學 (漫畫版)	F284	200
4	歐丹尼成長型股票投資課 (漫畫版)	F285	200
5	貴族 ・ 騙子 ・ 華爾街	F287	250
6	就是要好運	F288	350
7	財報編製與財報分析	F331	320
8	交易駭客任務	F365	600

財　務　工　程

分類號	書名	書號	定價
1	固定收益商品	F226	850
2	信用衍生性 & 結構性商品	F234	520
3	可轉換套利交易策略	F238	520
4	我如何成為華爾街計量金融家	F259	500

國家圖書館出版品預行編目 (CIP) 資料

超越大盤的獲利公式：葛林布萊特的神奇法則 / Joel Greenblatt 著；黃嘉斌譯 . 初版 . 臺北市：寰宇，2015.10
面；14.8 x 21 公分 . -- (寰宇智慧投資；380)
譯自：The little book that still beats the market

ISBN 978-986-6320-89-7 (平裝)

1. 證券投資

563.53　　　104019344

寰宇智慧投資 380

超越大盤的獲利公式：葛林布萊特的神奇法則

作　　者	Joel Greenblatt
譯　　者	黃嘉斌
主　　編	藍子軒
美術設計	富春全球股份有限公司
封面設計	鼎豐整合行銷
校　　稿	陳昭如
發 行 人	江聰亮
出 版 者	臺北市仁愛路四段 109 號 13 樓 TEL: (02) 2721-8138　FAX: (02) 2711-3270 E-mail:service@ipci.com.tw http://www.ipci.com.tw 劃撥帳號　1146743-9
登 記 證	局版台省字第 3917 號
定　　價	300 元
出　　版	2015 年 10 月初版一刷 2017 年 2 月初版二刷

ISBN 978-986-6320-89-7 (平裝)

※ 本書如有缺頁、破損、裝訂錯誤，請寄回本公司更換。